CADERNO DE ATIVIDADES

DESENHO GEOMÉTRICO 1

GIOVANNI • GIOVANNI JR. • TEREZA MARANGONI • ELENICE OGASSAWARA

Coleção Desenho Geométrico
Copyright © José Ruy Giovanni, José Ruy Giovanni Jr., Tereza Marangoni Fernandes, Elenice Lumico Ogassawara, 2021.

Direção-geral Ricardo Tavares de Oliveira
Direção editorial adjunta Luiz José Tonolli
Gerência editorial Roberto Henrique Lopes da Silva
Edição João Paulo Bortoluci (coord.)
Carlos Eduardo Bayer Simões Esteves,
Janaina Bezerra Pereira, Rafael Braga de Almeida
Preparação e Revisão Maria Clara Paes (sup.)
Yara Affonso
Gerência de produção e arte Ricardo Borges
Design Daniela Máximo (coord.)
Imagem de capa LanKogal/shutterstock.com
Arte Isabel Cristina Corandin Marques (sup.)
Débora Jóia, Gabriel Basaglia, Kleber Bellomo Cavalcante
Coordenação de imagens e textos Elaine Bueno
Licenciamento de textos Bárbara Clara, Érica Brambila
Iconografia Isabela Meneses Garcez
Ana Isabela Pithan Maraschin (tratamento de imagem)

Dados Internacionais de Catalogação na Publicação (CIP)
(Câmara Brasileira do Livro, SP, Brasil)

Desenho geométrico : caderno de atividades : volume 1 / José Ruy Giovanni... [et al.]. – 2. ed. – São Paulo : FTD, 2021.

Outros autores: José Ruy Giovanni Jr., Tereza Marangoni Fernandes, Elenice Lumico Ogassawara
ISBN 978-65-5742-314-1 (aluno)
ISBN 978-65-5742-315-8 (professor)

1. Desenho geométrico (ensino fundamental) – Problemas e exercícios 2. Matemática (Ensino fundamental) I. Giovanni, José Ruy, 1937-2020. II. Giovanni Junior, José Ruy. III. Fernandes, Tereza Marangoni. IV. Ogassawara, Elenice Lumico.

21-64992   CDD-372.7

Índices para catálogo sistemático:
1. Desenho geométrico : Matemática : Ensino fundamental   372.7
Cibele Maria Dias – Bibliotecária – CRB-8/9427

1 2 3 4 5 6 7 8 9

Envidamos nossos melhores esforços para localizar e indicar adequadamente os créditos dos textos e imagens presentes nesta obra didática. No entanto, colocamo-nos à disposição para avaliação de eventuais irregularidades ou omissões de crédito e consequente correção nas próximas edições. As imagens e os textos constantes nesta obra que, eventualmente, reproduzam algum tipo de material de publicidade ou propaganda, ou a ele façam alusão, são aplicados para fins didáticos e não representam recomendação ou incentivo ao consumo.

Reprodução proibida: Art. 184 do Código Penal e Lei 9.610 de 19 de fevereiro de 1998.
Todos os direitos reservados à **EDITORA FTD**.

Rua Rui Barbosa, 156 – Bela Vista – São Paulo – SP
CEP 01326-010 – Tel. 0800 772 2300
Caixa Postal 65149 – CEP da Caixa Postal 01390-970
www.ftd.com.br
central.relacionamento@ftd.com.br

Produção gráfica

Avenida Antônio Bardella, 300 - 07220-020 GUARULHOS (SP)
Fone: (11) 3545-8600 e Fax: (11) 2412-5375
CNPJ: 61.186.490/0016-33

A - 906.787/24

A comunicação impressa e o papel têm uma ótima história ambiental para contar

Apresentação

Os Cadernos de atividades da Coleção **Desenho Geométrico** são organizados por Tópicos e Fichas de trabalho.

As propostas disponíveis trazem habilidades e competências da BNCC relacionadas à Geometria, colaborando para o domínio de técnicas de construções geométricas elementares e complexas e para o desenvolvimento de seu raciocínio lógico.

Os autores.

Sumário

Tópico 1	Introdução 5
Tópico 2	Introdução à Geometria 6
Tópico 3	Estudo da reta e de suas partes 8
Tópico 4	Polígonos 14
Tópico 5	Medidas de comprimento 18
Tópico 6	Ângulos 22
Tópico 7	Triângulos 28
Tópico 8	Quadriláteros 31
Tópico 9	Circunferência 34
Tópico 10	Traçados de perpendiculares e paralelas 37
Tópico 11	Construções elementares 41
Fichas de trabalho	 46

TÓPICO 1 — INTRODUÇÃO

1 Assinale os itens a seguir que não são instrumentos de desenho geométrico.

- ☐ Régua.
- ☐ Compasso.
- ☐ Cola.
- ☐ Borracha.
- ☐ Transferidor.
- ☐ Tesoura.
- ☐ Lápis.

2 Dos ângulos a seguir, qual deles não é possível demarcar utilizando um par de esquadros?

- ☐ 150°
- ☐ 90°
- ☐ 75°
- ☐ 45°
- ☐ 25°

3 Na malha quadriculada a seguir, escreva seu nome completo e sua data de nascimento utilizando letras e algarismos do tipo bastão.

TÓPICO 2
INTRODUÇÃO À GEOMETRIA

1 Para cada elemento descrito abaixo, escreva se ele nos dá a ideia de **ponto**, **reta** ou **plano**.

a) Uma corda esticada. _____

b) Uma estrela no céu. _____

c) O encontro de duas paredes. _____

d) Um furo de uma agulha em uma folha de papel. _____

e) A representação de uma cidade em um mapa. _____

f) A folha de um caderno. _____

2 Identifique cada figura geométrica a seguir como **plana** ou **não plana**.

a)

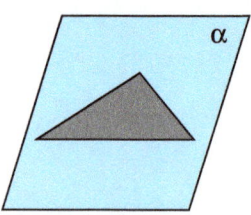

_____

c)

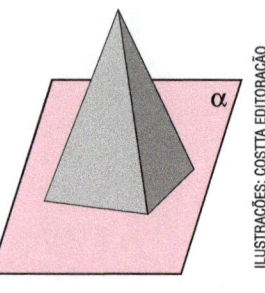

_____

b)

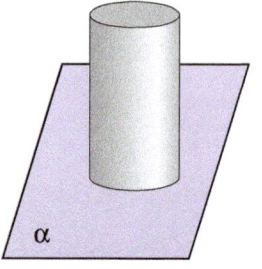

_____

d)

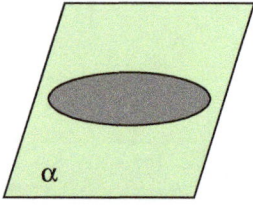

_____

3 Complete as afirmações usando as palavras **plana** ou **não plana**.

a) Uma bola de futebol lembra uma figura geométrica _____.

b) O piso de uma casa lembra uma figura geométrica _____.

c) Uma folha de caderno lembra uma figura geométrica _____.

d) A borracha lembra uma figura geométrica _____.

e) Quando você faz o contorno de sua borracha em uma folha de papel, essa figura geométrica que você desenhou lembra uma figura geométrica
_____.

4 De acordo com cada figura, em relação ao plano α, complete as frases com as palavras **plana** ou **não plana**.

a) Esta figura lembra uma figura geométrica _____.

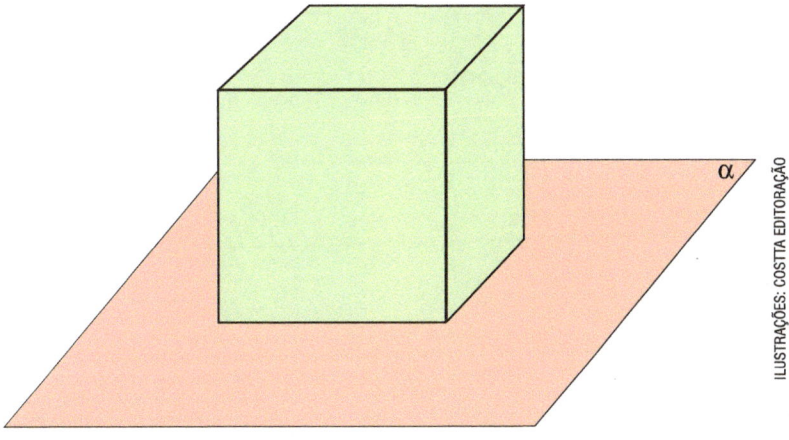

b) A figura colorida de azul lembra uma figura geométrica _____.

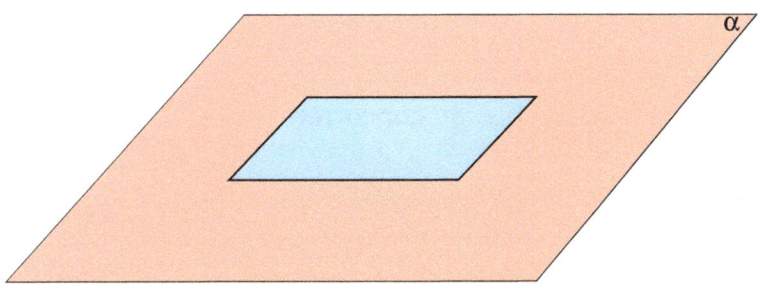

TÓPICO 3

ESTUDO DA RETA E DE SUAS PARTES

1 **Responda às questões.**

a) Quantas retas passam por um ponto *P* qualquer do plano?

____

b) Quantas retas passam por dois pontos, *A* e *B*, distintos?

____

2 **Observe a figura a seguir e responda às questões.**

ILUSTRAÇÕES: COSTTA EDITORAÇÃO

a) As retas *r* e *s* são concorrentes ou paralelas?

____

b) Elas se cruzam em algum ponto?

____

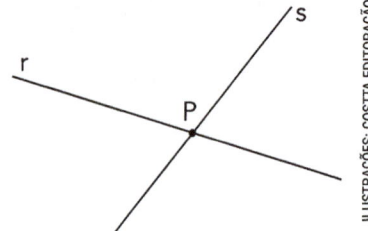

3 **Complete.**

As retas *x* e *y* são retas ______________.

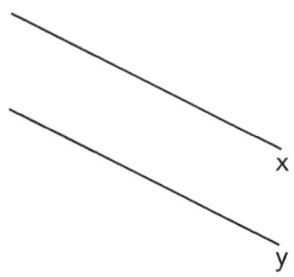

4 **Na figura ao lado, as retas *r* e *s* são concorrentes ou paralelas?**

____

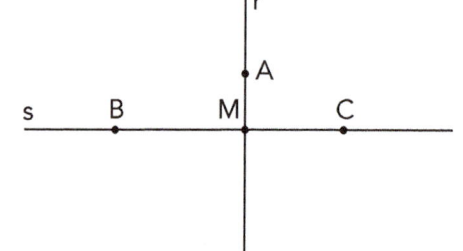

5 De acordo com a figura, indique se os pares de retas a seguir são concorrentes ou paralelas.

a) a e b. _____

b) a e c. _____

c) c e d. _____

d) b e d. _____

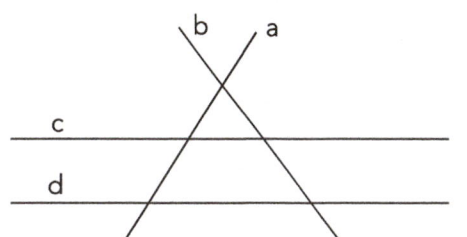

6 Observe a figura geométrica plana que foi desenhada na folha a seguir.

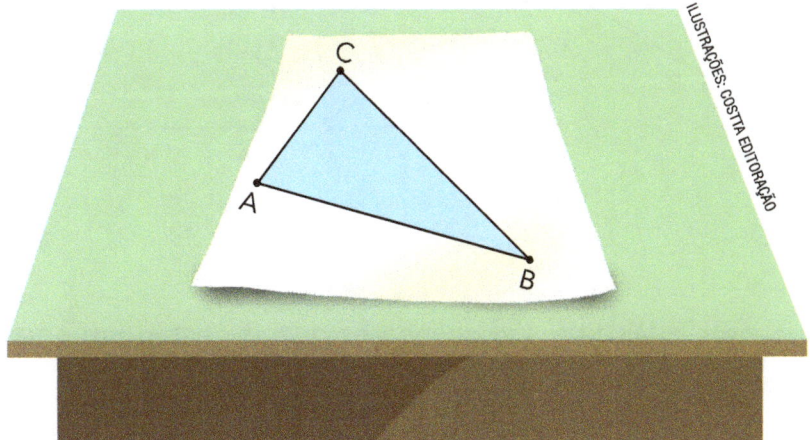

a) Quantos segmentos você observa na figura desenhada? _____

b) Existem segmentos consecutivos na figura desenhada? _____

c) Se a resposta do item anterior for sim, identifique um par de segmentos consecutivos. _____

d) Existem segmentos colineares na figura desenhada? _____

7 Considerando a figura seguinte, nomeie os pares de segmentos consecutivos.

8 Marque um **X** nos casos em que aparecem segmentos colineares.

a)

☐

b)

☐

c)

☐

d)

☐

9 Dois segmentos quaisquer são colineares quando estão em uma mesma reta suporte. Essa afirmação é verdadeira ou falsa? _____

10 Observe a figura e marque **V** ou **F**, conforme a afirmação seja verdadeira ou falsa.

☐ $\overline{AB}$ e $\overline{BC}$ são colineares.

☐ $\overline{AB}$ e $\overline{CD}$ não são colineares.

☐ $\overline{BC}$ e $\overline{MC}$ não são colineares.

☐ $\overline{MC}$ e $\overline{CN}$ são colineares.

☐ $\overline{AB}$ e $\overline{BC}$ são consecutivos e colineares.

☐ $\overline{MC}$ e $\overline{CN}$ são colineares e não consecutivos.

☐ $\overline{BC}$ e $\overline{CN}$ são consecutivos e não colineares.

☐ $\overline{AB}$ e $\overline{CD}$ são colineares e não consecutivos.

☐ $\overline{BC}$ e $\overline{MC}$ não são consecutivos nem colineares.

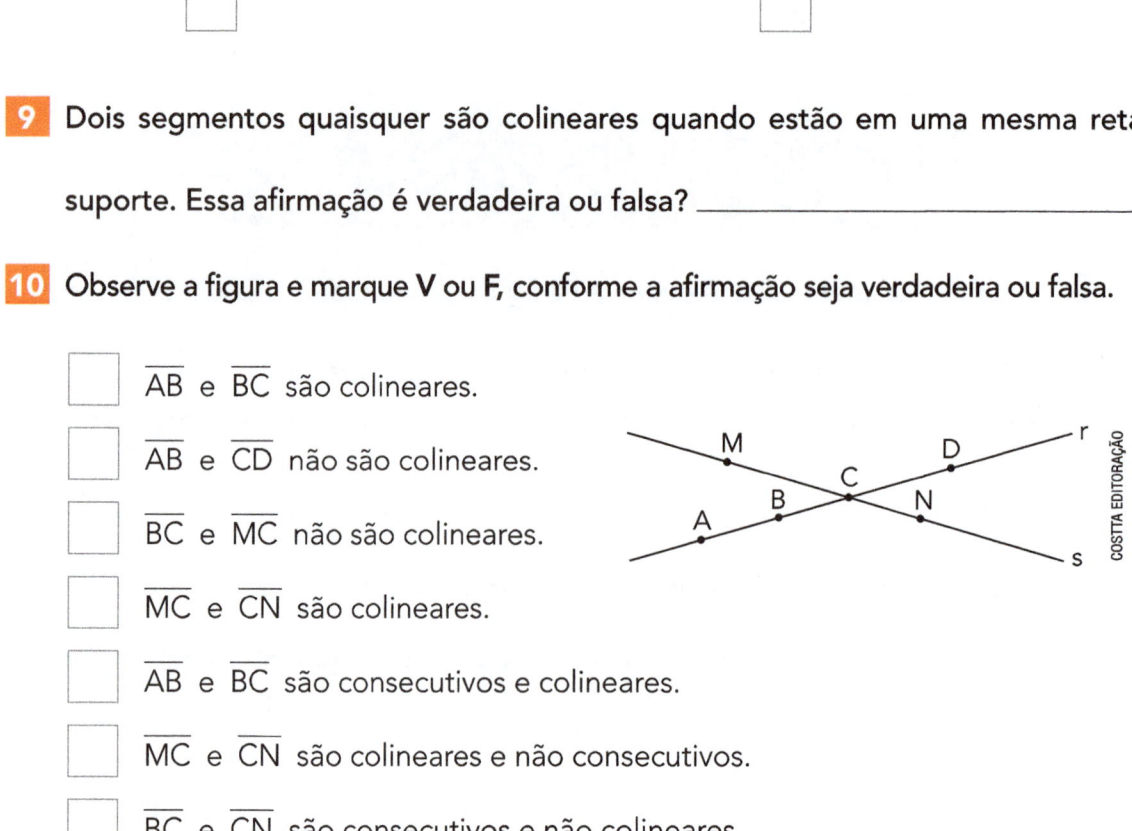

11 Observe os segmentos AB e MN.

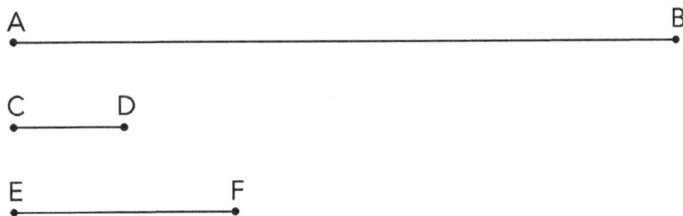

Usando um compasso, responda às questões.

a) Qual é a medida do segmento AB, quando usamos o segmento MN como unidade de medida? _____

b) Se a medida do segmento MN é representada pelo número x, qual é o número que representa o segmento AB? _____

12 Dados os segmentos abaixo, confira as medidas de cada um com um compasso e, depois, complete as afirmações.

a) Quando tomamos como unidade de medida o segmento CD, temos AB =

= _____.

b) Quando consideramos o segmento EF como unidade de medida, temos AB =

= _____.

13 Observe a figura a seguir e tome ⌐u⌐ como unidade de medida. Depois, complete as sentenças.

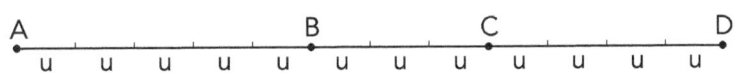

a) AB = _____ u

b) BC = _____ u

c) CD = _____ u

d) AB + BC = _____ u + _____ u = _____ u

e) AC = _____ u

f) AD = _____ u

14 Como são chamados dois segmentos de mesma medida, tomada na mesma unidade?

_____

15 A seguir, observe os segmentos de reta que Márcio desenhou.

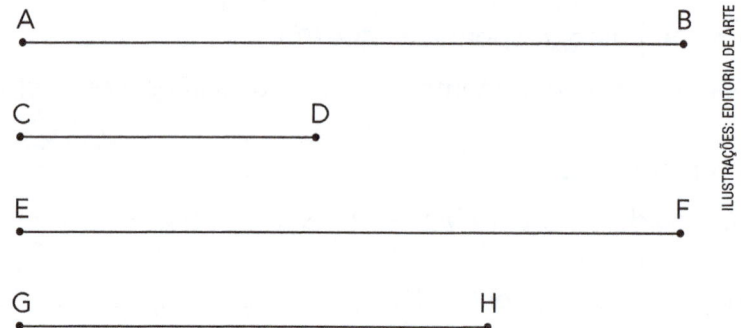

Dois desses segmentos são congruentes. Identifique-os.

_____

16 Veja a seguir quatro segmentos desenhados:

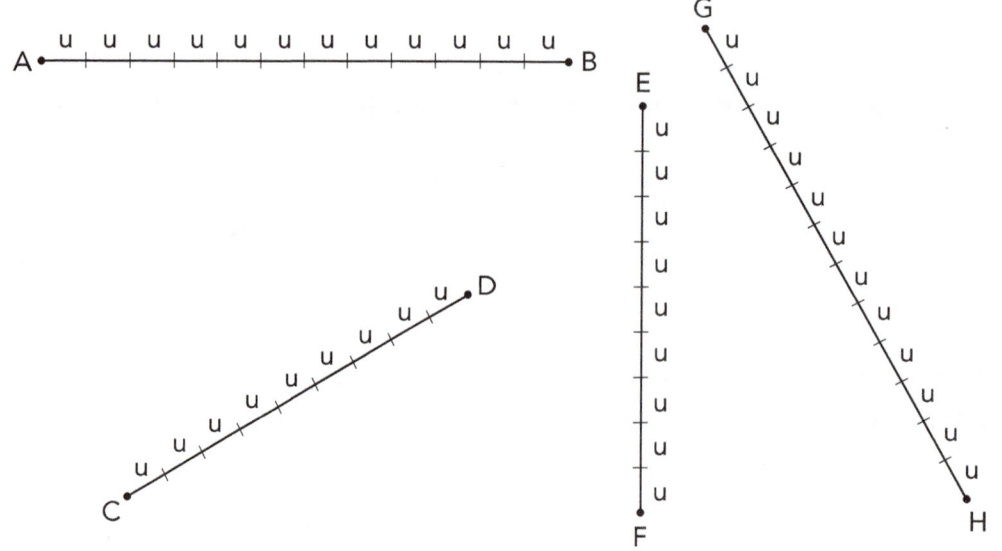

Considerando as medidas de cada um, complete as afirmações corretamente.

a) _____ e _____ são congruentes.

b) _____ e _____ são congruentes.

17 Como é chamado o ponto que divide um segmento em dois segmentos congruentes?

____

____

18 Em qual das opções apresentadas o ponto *M* representa o ponto médio do segmento AB?

☐

ILUSTRAÇÕES: EDITORIA DE ARTE

☐

☐

☐

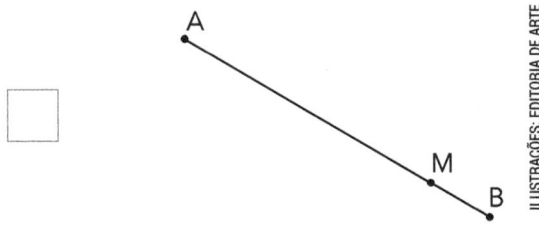

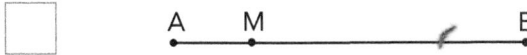

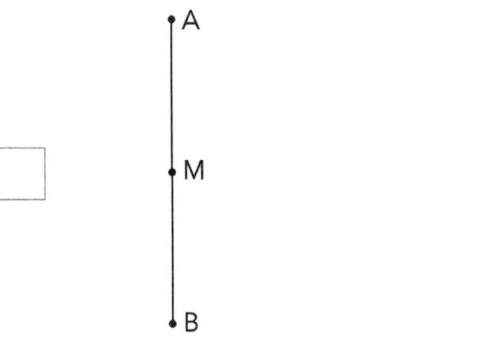

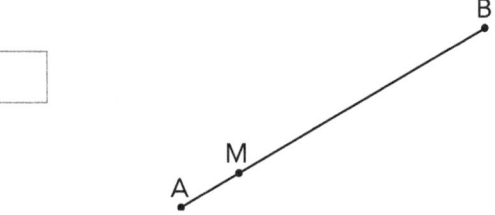

TÓPICO 4 POLÍGONOS

1 Complete as afirmações usando as expressões **aberta simples** ou **fechada simples.**

a) O contorno do mapa do Brasil é uma curva ______________________.

b) O contorno da base de uma garrafa é uma curva ______________________.

c) O contorno do litoral brasileiro é uma curva ______________________.

d) O contorno do estado em que você mora é uma curva ______________________.

2 **Observe as figuras geométricas abaixo e identifique com a letra P aquelas que são polígonos e com a letra N as que não são polígonos.**

a) ☐

d) ☐

g) ☐

ILUSTRAÇÕES: COSTTA EDITORAÇÃO

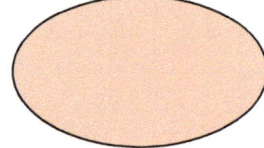

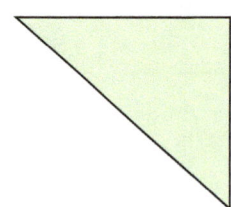

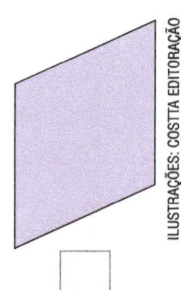

b) ☐

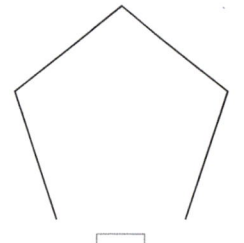

e) ☐

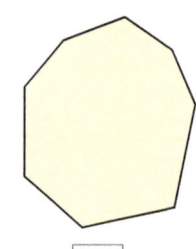

h) ☐

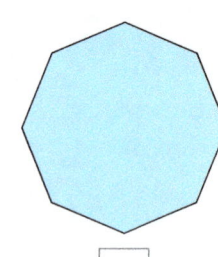

c) ☐

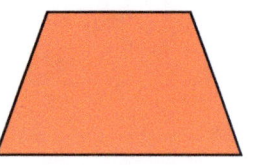

f) ☐

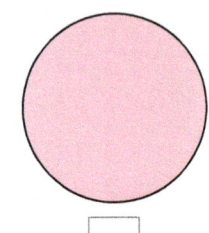

i) ☐

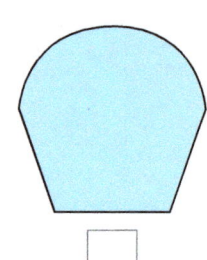

3 Assinale a resposta correta.

a) O quadro de giz de uma sala de aula lembra uma figura geométrica que:

☐ é um polígono convexo.

☐ é um polígono não convexo.

☐ não é um polígono.

☐ não sei identificar qual é.

b) O contorno da base do copo ao lado lembra uma figura geométrica que:

☐ é um polígono convexo.

☐ é um polígono não convexo.

☐ não é um polígono.

☐ não sei identificar qual é.

4 Analisando a figura, responda às perguntas.

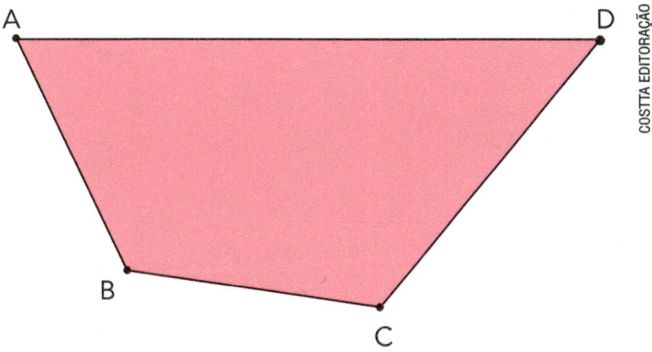

a) No polígono ABCD, quantos e quais são os vértices?

_____

b) Quantos são os lados e quais são os segmentos que indicam esses lados?

_____

c) Qual é o nome desse polígono?

_____

5 Escreva a quantidade de lados e o nome de cada um dos seguintes polígonos:

a)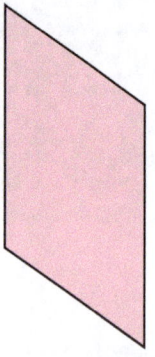

_____ lados

_____

d)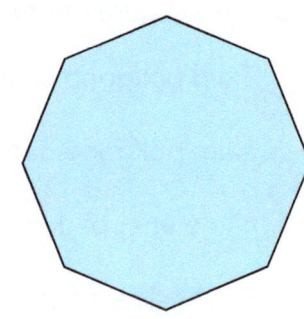

_____ lados

_____

b)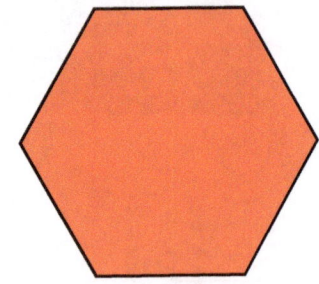

_____ lados

_____

e)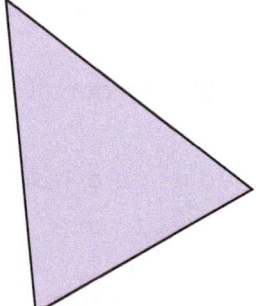

_____ lados

_____

c)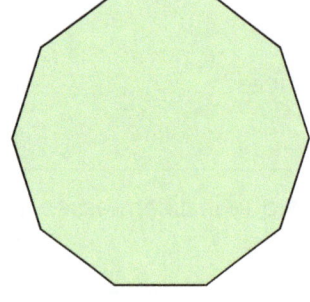

_____ lados

_____

f)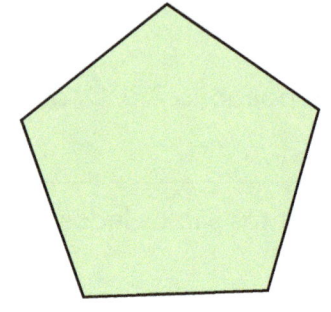

_____ lados

_____

6 Pedro marcou os pontos A, B, C, D e E, traçou os segmentos AB, BC, CD, DE e EA e depois pintou a região interior. Veja ao lado a figura que Marcos desenhou.

Agora, responda às perguntas.

a) Quantos e quais são os vértices desse polígono?

_____

b) Quantos lados tem esse polígono? _____

c) Esse polígono é convexo ou não convexo? _____

d) Qual é o nome desse polígono? _____

7 Complete as afirmações.

a) O triângulo é o polígono de _____ lados.

b) O polígono de 4 lados é chamado de _____.

c) O polígono de 6 lados é denominado _____.

d) O decágono é o polígono de _____ lados.

e) O polígono que tem 12 lados é chamado de _____.

f) O icoságono é um polígono que tem _____ lados.

8 Observe o polígono abaixo e marque V ou F em cada uma das afirmações.

☐ A figura é um triângulo.

☐ O ponto D é um ponto do lado $\overline{BC}$ do triângulo.

☐ O ponto E pertence a um dos lados do triângulo.

☐ Os vértices do triângulo são os pontos A, B e C.

TÓPICO 5 — MEDIDAS DE COMPRIMENTO

1 No quadro a seguir, escreva a unidade de medida mais adequada para cada caso.

Grandeza a ser medida	Unidade mais adequada	Símbolo
A largura de uma folha de caderno.		
A distância entre as capitais de dois estados.		
A largura de seu quarto.		
A altura da parede da sala de aula.		
O comprimento de um lápis.		
A espessura de uma borracha.		
O comprimento de um carro.		
O diâmetro de um CD.		
A extensão de um rio.		
A distância da Terra à Lua.		
O comprimento de uma régua.		
A largura de um livro.		
A espessura de uma régua.		

2 Observe, a seguir, alguns segmentos de reta. Use uma régua graduada para escrever a medida dos segmentos em **centímetro**.

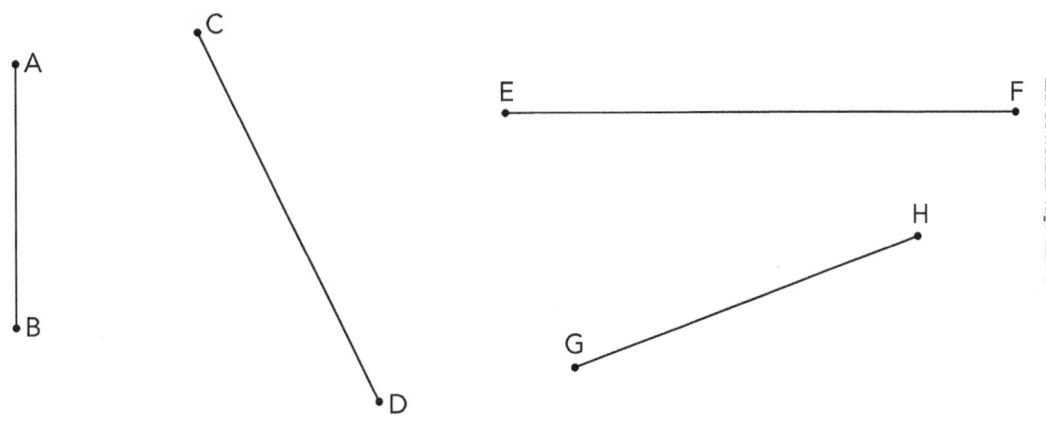

ILUSTRAÇÕES: EDITORIA DE ARTE

AB = ________ cm

EF = ________ cm

CD = ________ cm

GH = ________ cm

3 Observe os segmentos desenhados a seguir. Use uma régua graduada, a unidade **milímetro** e escreva a medida desses segmentos.

MN = ________ mm

RS = ________ mm

PQ = ________ mm

XY = ________ mm

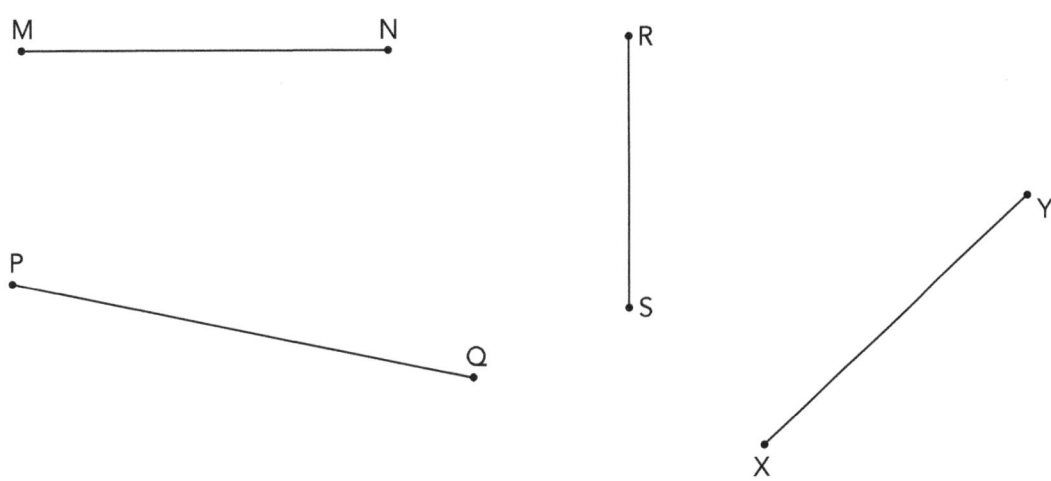

4 Com uma régua graduada, trace os segmentos a seguir.

a) Um segmento AB, de medida 4 cm.

b) Um segmento CD, de medida 5,5 cm.

c) Um segmento PQ, de medida 72 mm.

5 Para medir os lados de cada polígono a seguir, use uma régua graduada e a unidade de medida **centímetro**. Depois, calcule o perímetro.

a)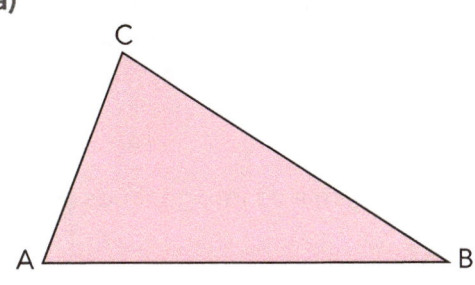

c)

b)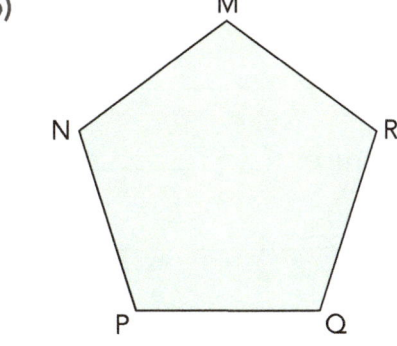

d)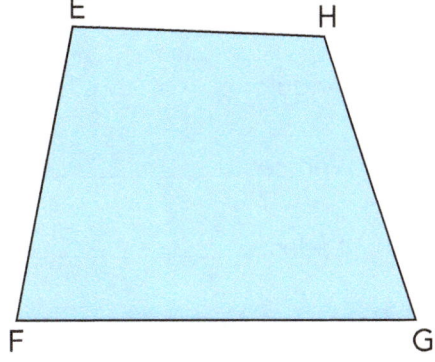

6 Veja a seguir as medidas dos lados de um terreno. Qual é, em **metro**, a medida do contorno desse terreno?

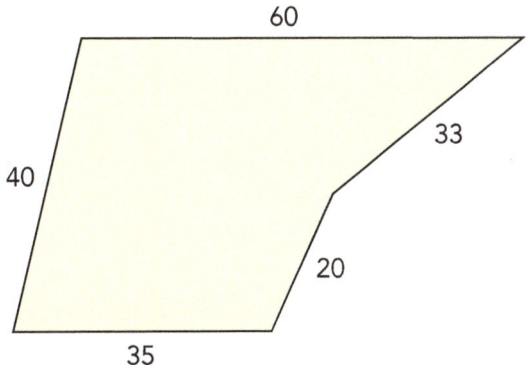

TÓPICO 6 — ÂNGULOS

1 Observe os ângulos representados a seguir e registre as informações pedidas.

a)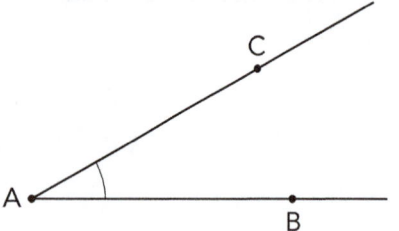

b)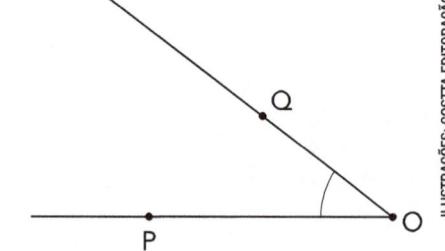

Ângulo: _____

Vértice: _____

Lados: _____

Ângulo: _____

Vértice: _____

Lados: _____

2 Responda às questões.

a) Qual é o instrumento utilizado para medir ângulos? _____

b) Qual é a unidade principal de medida de ângulo? _____

3 Dados os pontos M, N e P, faça o que se pede.

a) Trace um ângulo de vértice P e lados $\overrightarrow{PM}$ e $\overrightarrow{PN}$.

b) Nomeie o ângulo obtido: _____ .

M •

• P   • N

4 Observe a figura e escreva a medida dos ângulos pedidos.

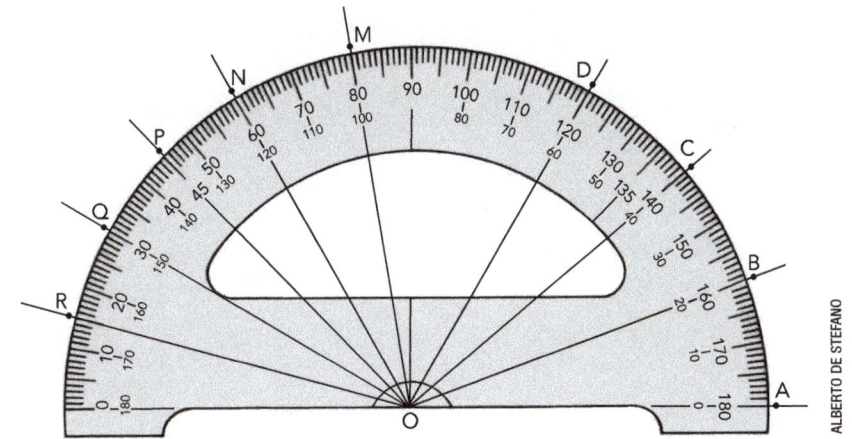

a) med (AÔB) = _____

b) med (AÔC) = _____

c) med (AÔD) = _____

d) med (AÔM) = _____

e) med (AÔN) = _____

f) med (AÔP) = _____

g) med (AÔQ) = _____

h) med (AÔR) = _____

5 Usando o transferidor, determine as medidas dos seguintes ângulos.

a) med (AB̂C) = _____

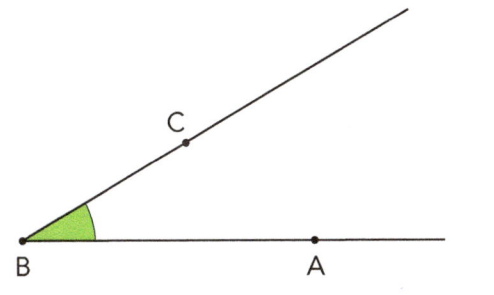

c) med (DÊF) = _____

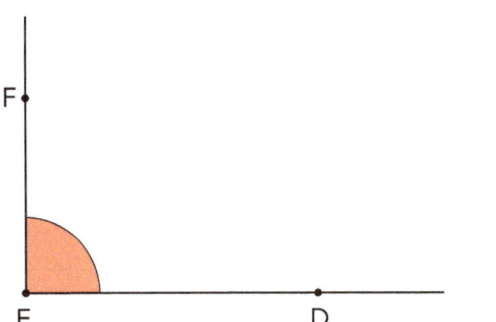

b) med (MÔN) = _____

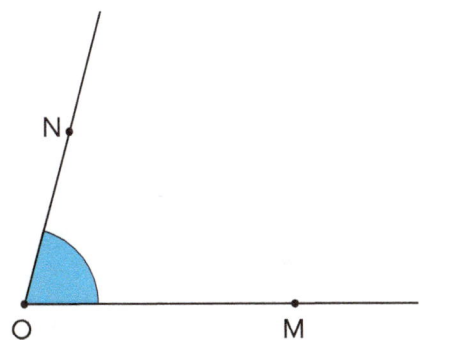

d) med (PQ̂R) = _____

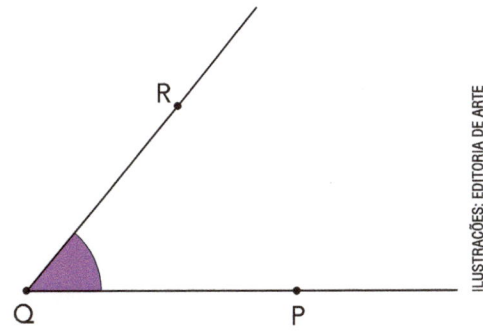

6 Usando o transferidor, construa um ângulo que meça:

a) 45°

c) 60°

b) 90°

d) 135°

7 Observe as figuras e complete as frases com as expressões **são** ou **não são**.

a)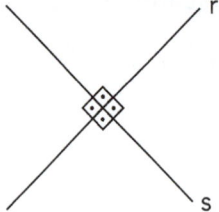

As retas r e s _____ perpendiculares.

c)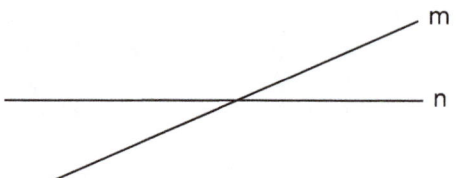

As retas m e n _____ perpendiculares.

b)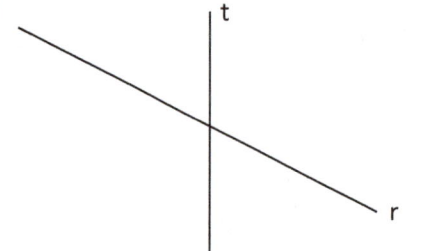

As retas r e t _____ perpendiculares.

d)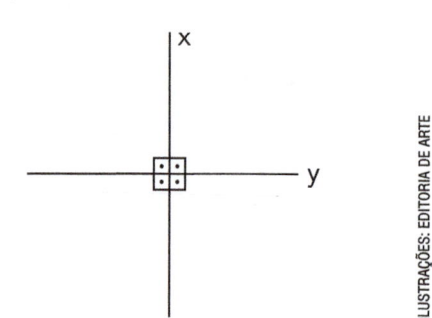

As retas x e y _____ perpendiculares.

8 Responda às questões.

a) Sabe-se que os ângulos ABC e DEF têm a mesma medida. Como são chamados esses dois ângulos? _____

b) Qual é a medida de um ângulo reto? _____

c) Duas retas perpendiculares formam quatro ângulos congruentes. Qual é a medida de cada um desses ângulos? _____

d) Como é chamado o ângulo cuja medida é menor do que a de um ângulo reto?
_____

e) Todo ângulo obtuso tem medida maior do que 90° ou menor?
_____

f) Qual é a medida de um ângulo raso ou de meia-volta? _____

9 Observe os ângulos e classifique-os em **reto**, **agudo** ou **obtuso**.

a)

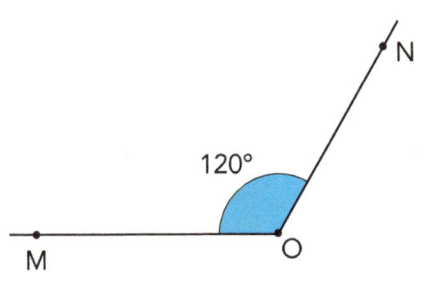

Ângulo _____.

c)

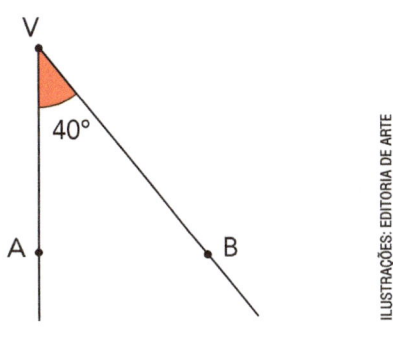

Ângulo _____.

b)

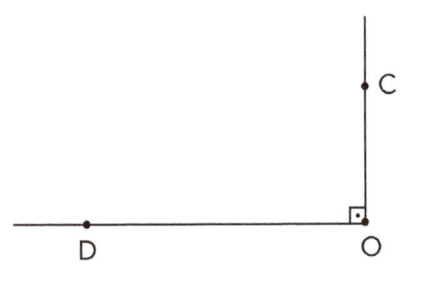

Ângulo _____.

10 Construa graficamente o complemento de cada um destes ângulos:

a)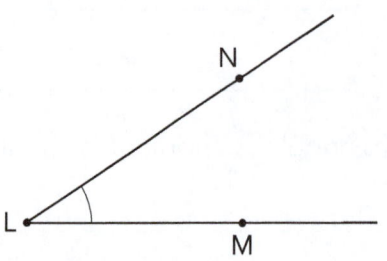

c)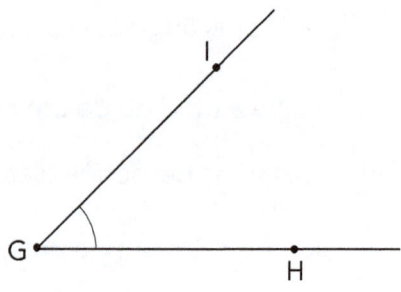

b)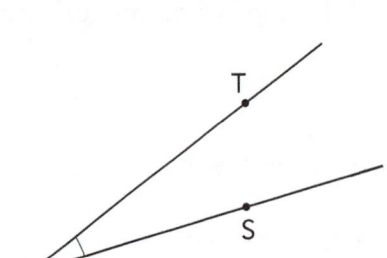

d)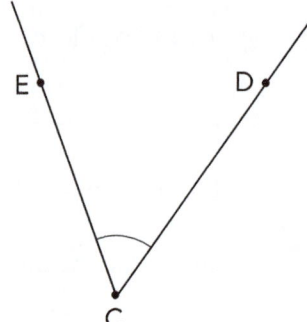

11 Calcule a medida do complemento de cada ângulo destacado na cor verde.

a)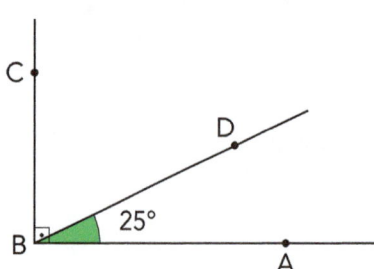

b)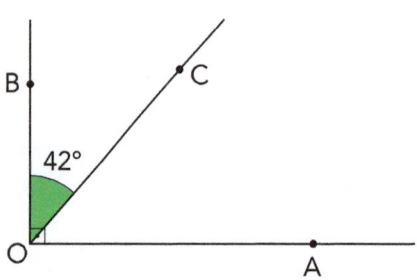

12 Calcule a medida do suplemento de cada ângulo representado a seguir.

a)

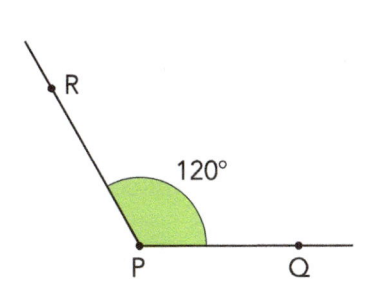

c)

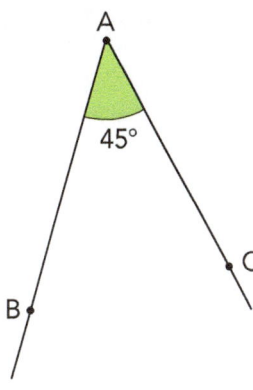

_____

_____

b)

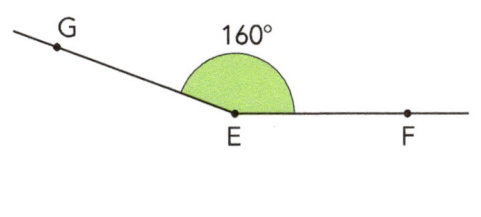

_____

13 Use um transferidor e dê a medida de cada ângulo representado a seguir. Depois, construa graficamente o suplemento desse ângulo e calcule a medida dele.

a)

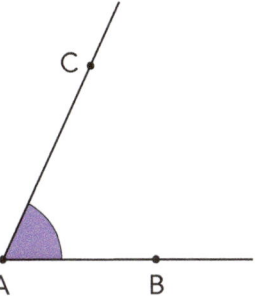

med (BÂC) = _____
medida do suplemento:

_____

b)

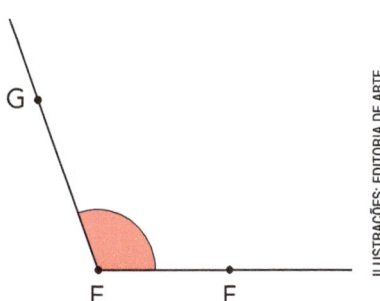

med (FÊG) = _____
medida do suplemento:

_____

27

TÓPICO 7 — TRIÂNGULOS

1 Observe o triângulo representado abaixo e complete as frases.

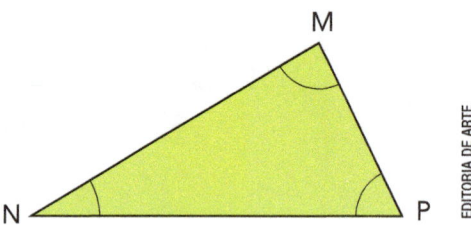

a) Os pontos M, N e P são os _____ do triângulo.

b) Os ângulos internos do triângulo são expressos por _____, _____ e _____.

c) Os lados do triângulo são os segmentos _____, _____ e _____.

2 Dê o nome do triângulo que tem:

a) três lados com medidas diferentes. _____

b) um ângulo obtuso. _____

c) três lados congruentes. _____

d) três ângulos de 60°. _____

e) dois lados com a mesma medida. _____

f) um ângulo reto. _____

3 Use uma régua graduada para medir os lados de cada triângulo e, depois, identifique-o como **escaleno**, **isósceles** ou **equilátero**.

a)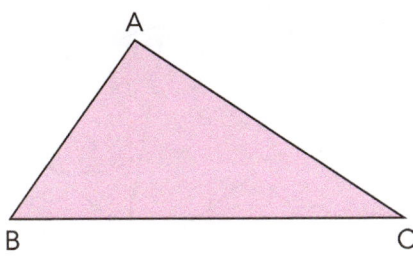

_____

b)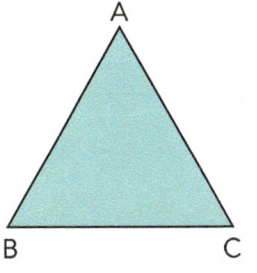

_____

c)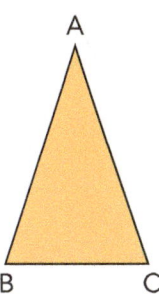

_____

d)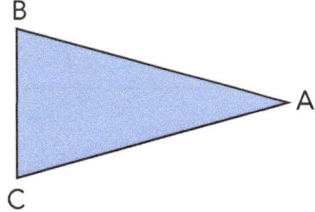

_____

4 Considerando os ângulos internos de cada triângulo, identifique-o como **retângulo**, **obtusângulo** ou **acutângulo**.

a)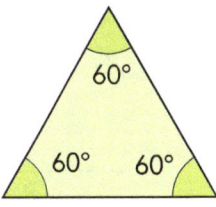

_____

b)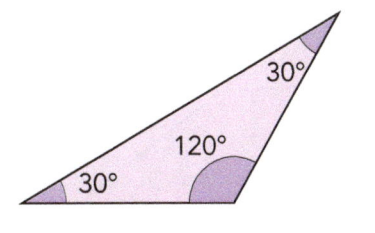

_____

c)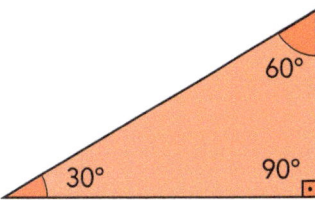

_____

d)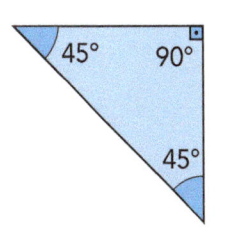

_____

5 Pinte de:

🟫 os triângulos equiláteros   🟦 os triângulos isósceles
🟩 os triângulos escalenos

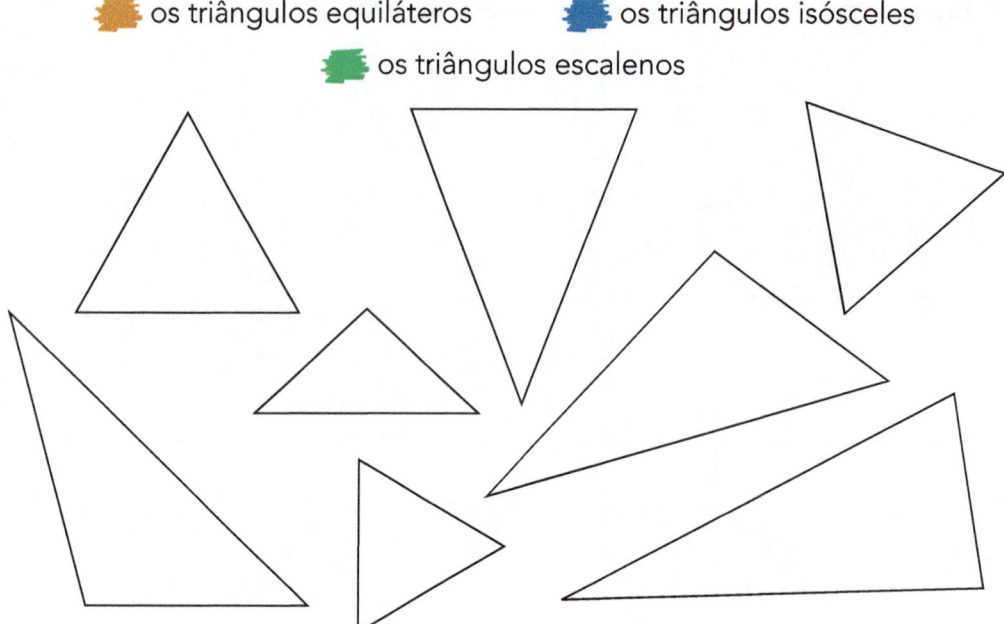

6 Pinte de:

🟨 os triângulos retângulos   🟪 os triângulos obtusângulos
🟧 os triângulos acutângulos

TÓPICO

8 QUADRILÁTEROS

1 Observe o quadrilátero representado a seguir e identifique:

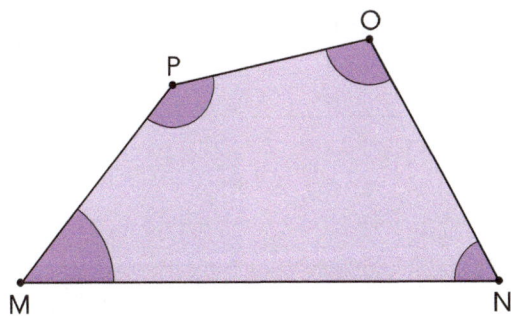

a) pares de lados opostos. ______

b) um par de ângulos opostos. ______

2 O quadrilátero representado ao lado é um paralelogramo. Qual é o nome dele?

______

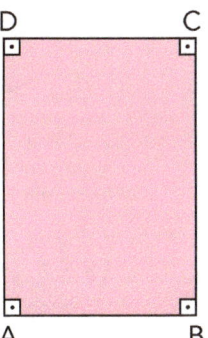

3 Observe a figura ao lado.

a) Existem lados opostos paralelos? Quais são esses lados?

______

b) Qual é o nome desse quadrilátero?

______

ILUSTRAÇÕES: EDITORIA DE ARTE

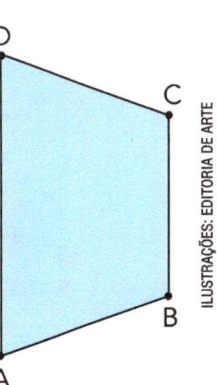

4 Complete as afirmações.

a) Trapézio é um quadrilátero que tem apenas _____ lados paralelos.

b) O quadrilátero que tem os lados opostos paralelos é chamado de _____
_____.

c) Os lados paralelos de um trapézio recebem o nome de _____.

d) Retângulo é um paralelogramo com os quatro ângulos _____
_____.

e) Um trapézio é escaleno quando os lados _____
não são _____.

f) O trapézio que tem dois ângulos internos retos (90°) recebe o nome de trapézio
_____.

5 Identifique cada uma das figuras abaixo como **paralelogramo** ou **trapézio**.

_____   _____   _____

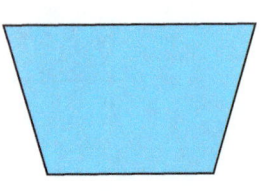
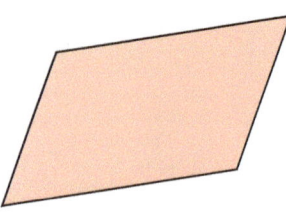
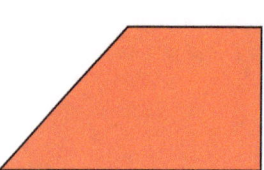

_____   _____   _____

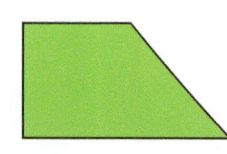
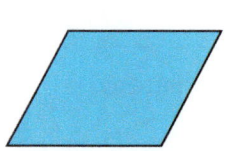

_____   _____   _____

6 Trace os segmentos AB, BC, CD e DA. Depois, responda às questões.

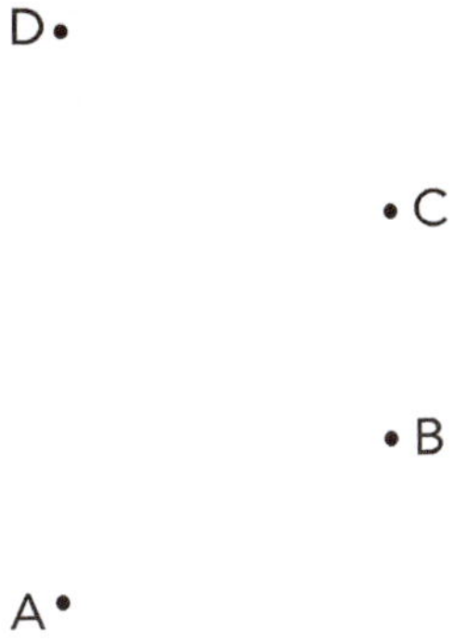

D•

•C

•B

A•

a) Qual é o nome do trapézio que você desenhou?

_____

b) Qual é o segmento que representa a base maior desse trapézio? _____

c) E a base menor? _____

7 Identifique cada trapézio como **isósceles** ou **retângulo**.

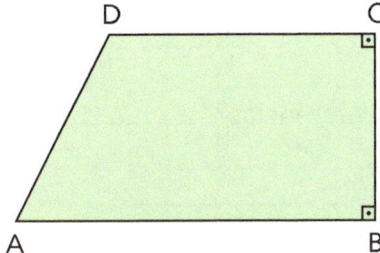 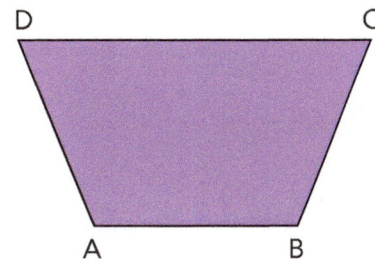

_____   _____

8 Identifique os quadriláteros como **paralelogramo**, **retângulo**, **losango** ou **quadrado**.

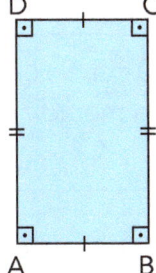 _____
_____
_____

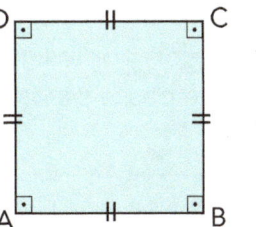 _____
_____
_____

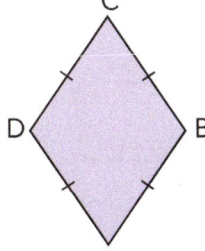 _____
_____
_____

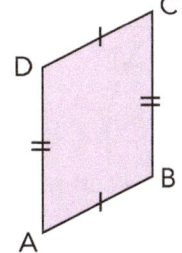 _____
_____
_____

9 CIRCUNFERÊNCIA

1 Responda às questões.

a) Como se chama o conjunto de pontos de um plano que está à mesma distância de um ponto fixo desse plano? Como se chama esse ponto fixo?

_____

b) O que é raio de uma circunferência? _____

_____

c) Qual é o instrumento usado para traçar circunferências? _____

d) O que é corda? _____

_____

e) Como se chama a corda que passa pelo centro de uma circunferência?

_____

f) Se dois objetos estão localizados em extremidades opostas de uma circunferência, cuja medida do raio é 5 cm, qual é a distância entres esses objetos?

_____

g) Foram marcados dois pontos no plano cuja distância entre eles é 20 cm. Se uma circunferência que passe pelos dois pontos for traçada, qual será a medida de

seu raio? _____

2 Identifique os cinco elementos em destaque na circunferência a seguir e escreva o nome de cada um deles.

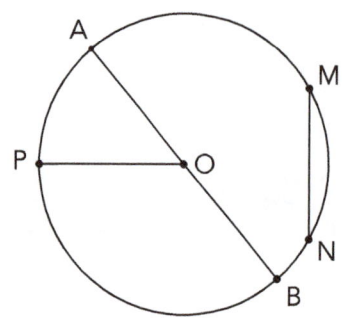

O _____

$\overline{OP}$ _____

$\overline{AB}$ _____

$\overline{MN}$ _____

$\overset{\frown}{MN}$ _____

34

3 Observe as seguintes circunferências. Com uma régua, meça o raio de cada uma e escreva as informações solicitadas.

a)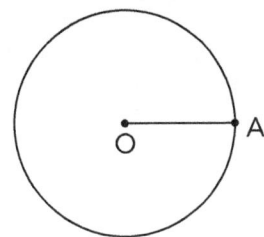

medida do raio = _____ cm

medida do diâmetro = _____ cm

b)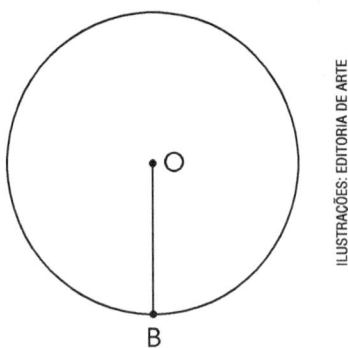

medida do raio = _____ cm

medida do diâmetro = _____ cm

4 Usando um compasso, trace:

a) uma circunferência de centro O e raio 2,5 cm.

b) uma circunferência de centro A, raio 2 cm e que corte a reta s nos pontos B e C.

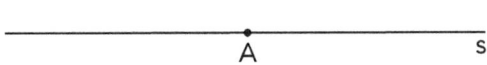

c) um arco de circunferência de raio 4 cm, com centro no ponto A da reta s e que corte a reta s nos pontos M e N.

5 Com a ponta-seca do compasso no ponto *P* e abertura suficiente, trace um arco de circunferência que corte a circunferência dada nos pontos *A* e *B*.

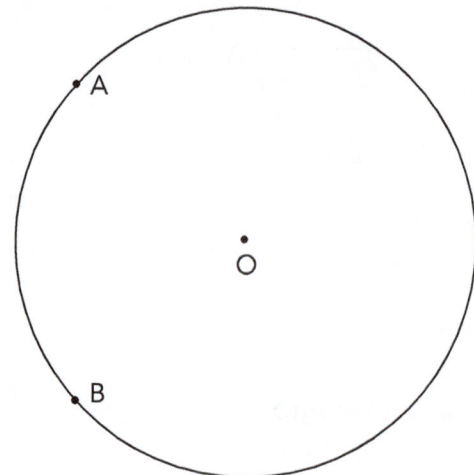

6 Com a ponta-seca do compasso no ponto *A* e raio AB, trace uma circunferência. Depois, construa outras circunferências neste espaço, de modo a obter uma composição artística.

TÓPICO 10 — TRAÇADOS DE PERPENDICULARES E PARALELAS

Use uma régua e um esquadro, ou um par de esquadros, em todas as atividades deste tópico.

1 Trace uma reta *s*, perpendicular à reta *r*, que passe pelo ponto *P*.

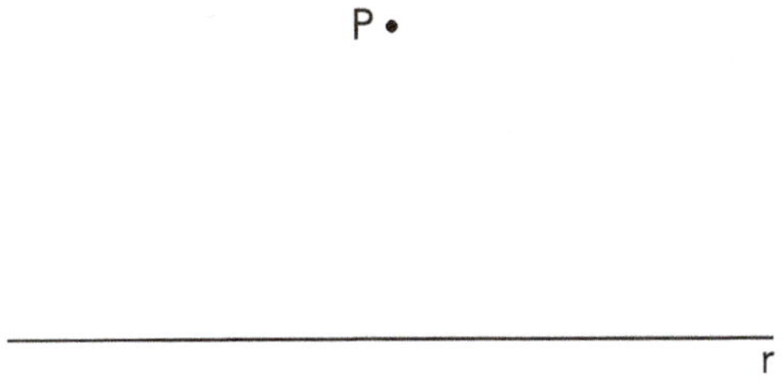

2 Trace uma reta *t*, perpendicular à reta *r*, que passe pelo ponto *M*.

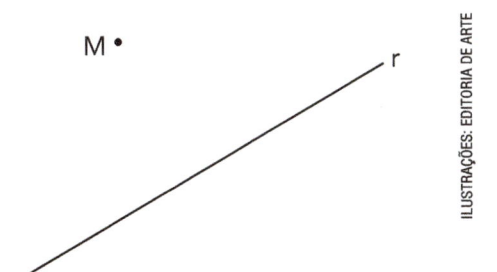

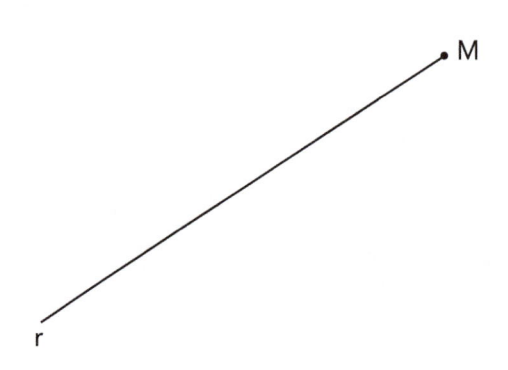

3 Trace uma reta t, perpendicular à reta s, que passe pelo ponto Q.

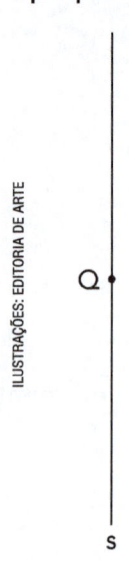

4 Dados x e P, trace y ⊥ x passando por P.

5 Dados r e M, trace s ⊥ r passando por M.

6 Trace uma reta x, paralela à reta y, que passe pelo ponto Q.

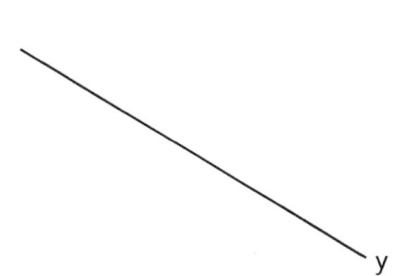

7 Trace uma reta t, que seja paralela à reta x e que passe pelo ponto M.

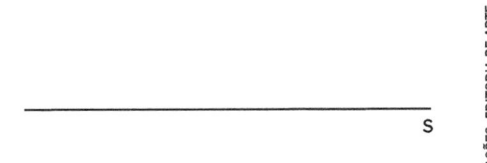

8 Dados s, P e Q, trace paralelas à reta s e que passem pelos pontos P e Q.

9 Dados r, A e B, trace paralelas à reta r, passando pelos pontos A e B.

B

A

r

10 Trace uma reta b, paralela à reta a, tal que a distância entre as retas a e b seja de 1,5 cm.

a

11 Considerando a reta r, faça o que se pede.

a) Trace uma reta s, paralela à reta r, com distância de 3 cm da reta r.

b) Trace uma reta t, paralela à reta r, distante 2 cm da reta r e localizada no semiplano oposto da reta s em relação à reta r.

r

TÓPICO 11 — CONSTRUÇÕES ELEMENTARES

1 Construa um segmento AB cuja medida seja igual à medida do segmento MN dado.

M •————————————• N

2 Considere o segmento EF dado.

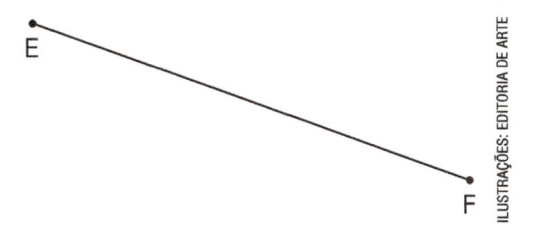

E •
   ╲
    ╲
     ╲
      • F

- Construa um segmento PQ, tal que os segmentos PQ e EF tenham a mesma medida.

3 São dados os segmentos AB e CD.

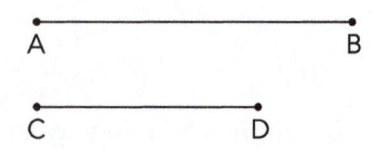

A •————————————• B

C •————————• D

- Construa um segmento PQ cuja medida seja igual à soma das medidas dos segmentos AB e CD dados.

4 Construa um segmento MN cuja medida seja igual à soma das medidas dos segmentos AB, CD e EF dados.

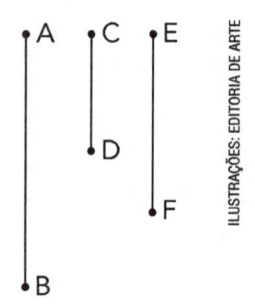

5 Construa um segmento AB cuja medida seja igual ao dobro da medida do segmento XY dado.

X———Y

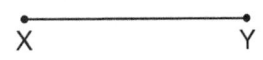

6 Construa um segmento CD cuja medida seja igual ao triplo da medida do segmento XY dado.

X———Y

7 Construa um segmento MN cuja medida seja igual ao quádruplo da medida do segmento XY dado.

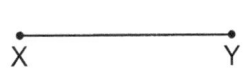

X———Y

8 Construa um segmento cuja medida seja igual à diferença entre as medidas dos segmentos AB e CD.

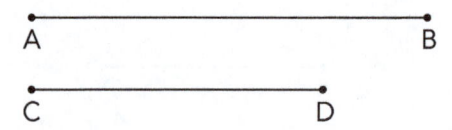

A•————————————•B

C•—————————•D

9 Divida o segmento AB dado em dois segmentos congruentes.

•A
|
|
|
•B

10 Divida o segmento RS dado em quatro segmentos congruentes.

R•————————————————————•S

11 Determine o ponto médio M de cada segmento abaixo.

a)

A———————B

b)

P

Q

12 Construa um ângulo cuja medida seja igual à medida do ângulo dado.

a)

b)

c)

FICHAS DE TRABALHO

1 FICHA DE TRABALHO

Colégio _____

Aluno(a) _____ nº _____ ano _____

1 Observe a imagem a seguir e identifique:

a) os pontos. _____

b) um ponto que pertença à reta r. _____

c) os planos. _____

d) as retas. _____

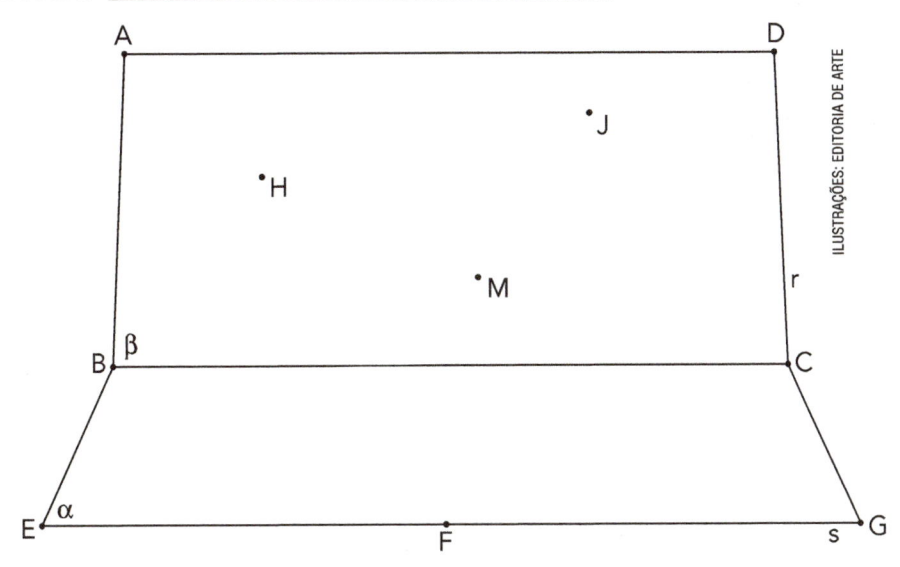

2 Relacione a segunda coluna de acordo com a primeira.

I. Representa um ponto.
II. Representa uma reta.
III. Representa um plano.
IV. Ponto que pertence à reta.
V. Reta que está contida em um plano.

[ ] β
[ ] r ⊂ α
[ ] s
[ ] B
[ ] P ∈ r

47

3 Observe a figura e complete a sentença.

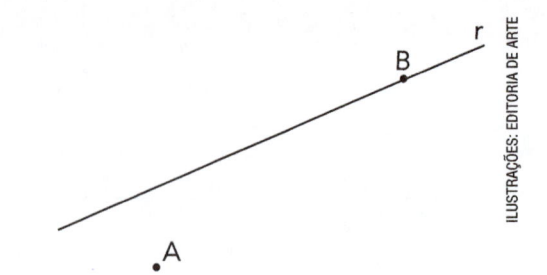

O ponto A _____ à reta r, e o ponto B _____ à reta r.

4 Classifique cada uma das figuras geométricas como **plana** ou **não plana**.

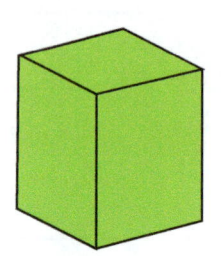

a) _____

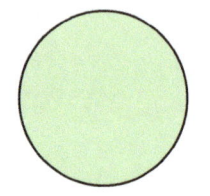

b) _____

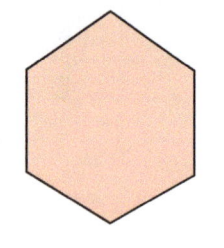

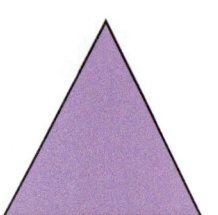

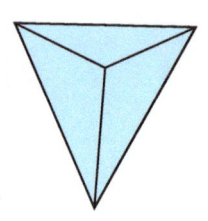

c) _____

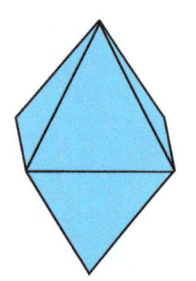

d) _____

e) _____

f) _____

g) _____

h) _____

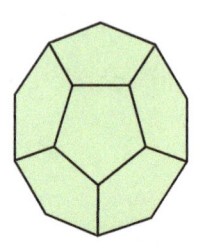

i) _____

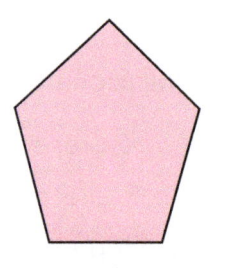

2 FICHA DE TRABALHO

Colégio _____

Aluno(a) _____ nº _____ ano _____

1 Observe os pares de retas a seguir e complete as afirmações.

a)

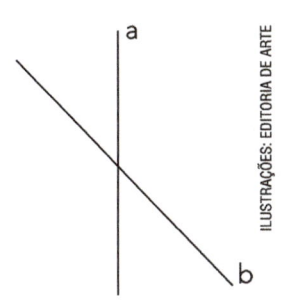

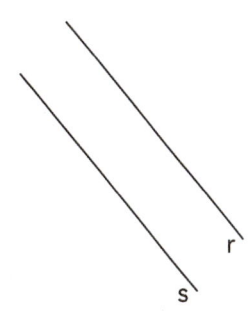

As retas a e b são _____.

b)

As retas r e s são _____.

2 Para as figuras a seguir, escreva quantos segmentos estão determinados e quais são eles.

a)

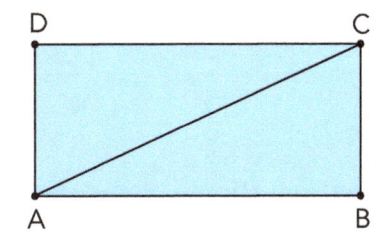

_____ segmentos

_____

b)

M N O P

_____ segmentos

_____

3 Tomando ⌊u⌋ como unidade de medida, observe a figura a seguir e complete as sentenças.

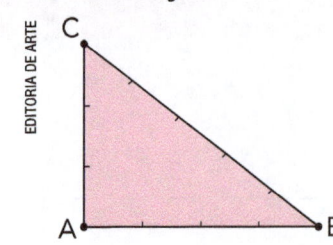

a) AB = _____ u

b) CA = _____ u

c) BC = _____ u

d) AB + CA + BC = _____ u

4 Observe a figura a seguir e responda às questões.

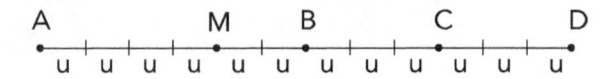

a) Quais segmentos são congruentes? _____

b) Qual é o ponto médio do segmento BD? _____

c) O ponto B é o ponto médio de qual segmento? _____

d) O ponto M é o ponto médio do segmento AC? _____

e) Os segmentos AM e CD são congruentes? _____

5 Leia o que está descrito em cada item e preencha o diagrama com os nomes corretos.

1. Segmentos que têm uma extremidade comum.
2. Retas que não possuem pontos em comum e mantêm entre si sempre a mesma distância.
3. Segmentos que têm a mesma medida.
4. Ponto que divide um segmento em dois segmentos congruentes.
5. Segmentos que estão na mesma reta.
6. O encontro de uma parede com o teto nos dá a ideia de uma reta na posição...
7. O encontro de duas paredes nos dá a ideia de uma reta na posição...
8. Retas que têm um ponto em comum são chamadas de retas...

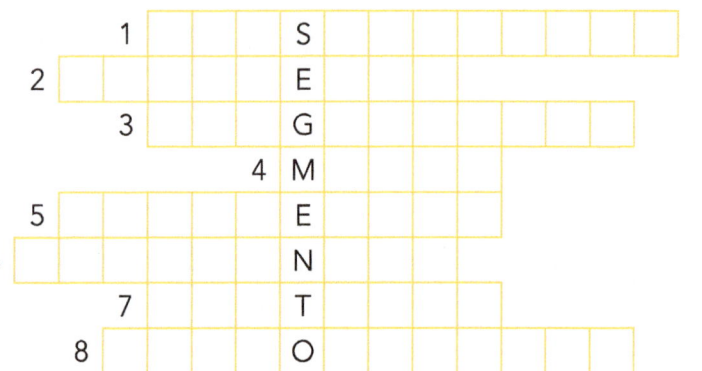

3 FICHA DE TRABALHO

Colégio _____

Aluno(a) _____ nº _____ ano _____

1 Com a letra **P**, identifique as figuras geométricas que são polígonos, e com a letra **N**, aquelas que não são polígonos.

a)   b)   c)

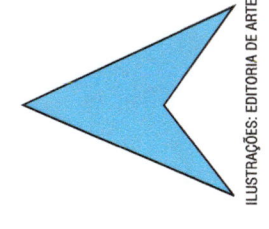

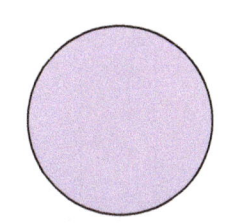

_____   _____   _____

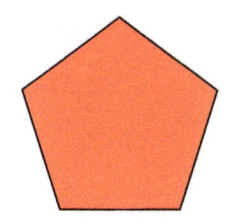

2 Identifique cada polígono como **convexo** ou **não convexo**.

a)   b)   c)

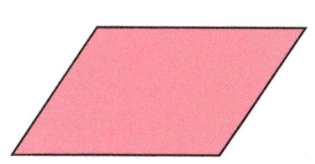

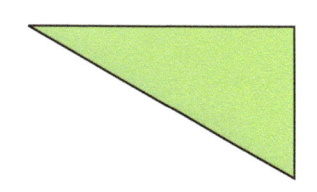

_____   _____   _____

51

3 Escreva o nome dos polígonos de acordo com a quantidade de lados.

a)

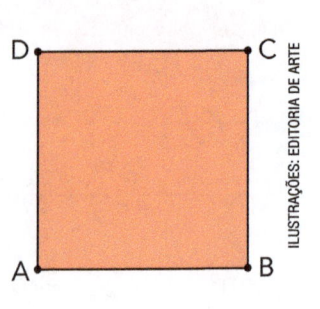

_____ lados

Nome: _____

b)

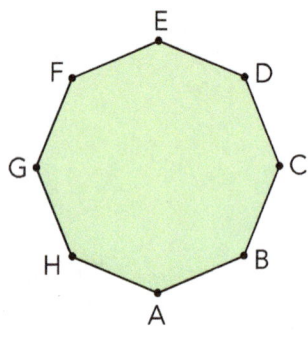

_____ lados

Nome: _____

c)

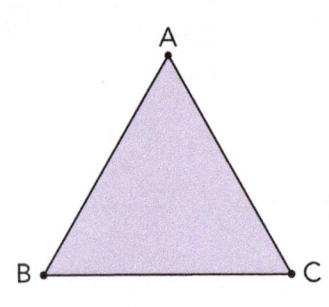

_____ lados

Nome: _____

d)

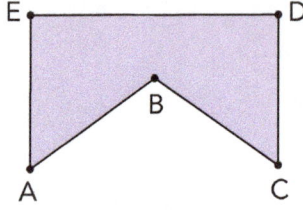

_____ lados

Nome: _____

4 Desenhe os seguintes polígonos:

a) Triângulo.

b) Hexágono.

c) Quadrilátero.

d) Pentágono.

4 FICHA DE TRABALHO

Colégio _____

Aluno(a) _____ nº _____ ano _____

1 Use uma régua graduada para medir os segmentos abaixo.

a)

M •————————————• N

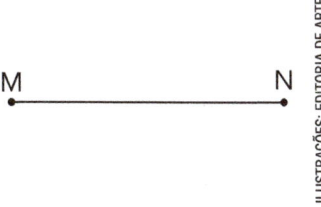

MN = _____ cm

b)

• D
|
|
• E

DE = _____ cm

2 Escreva, em milímetro, a medida dos segmentos a seguir.

a)

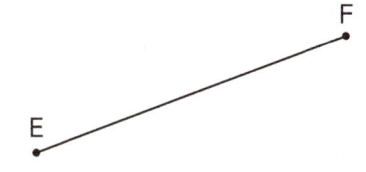

E •————————• F

EF = _____ mm

b)

A •———• B

AB = _____ mm

3 Com uma régua, trace:

a) um segmento RS, tal que RS = 5 cm.

b) um segmento vertical MN, tal que MN = 43 mm.

4 Calcule, em centímetro, o perímetro dos polígonos a seguir:

a)

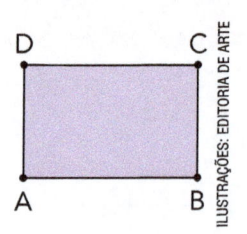

_____

b)

_____

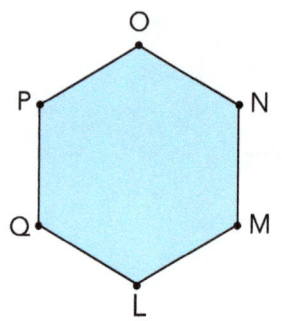

c)

_____

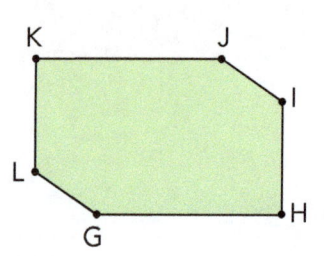

d)

_____

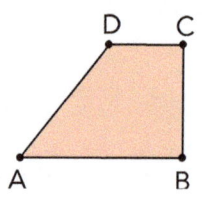

5 Escreva, em milímetro, o perímetro dos polígonos a seguir.

a)

_____

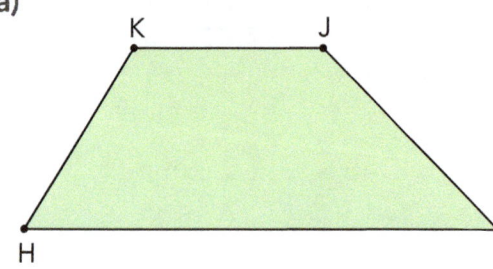

b)

_____

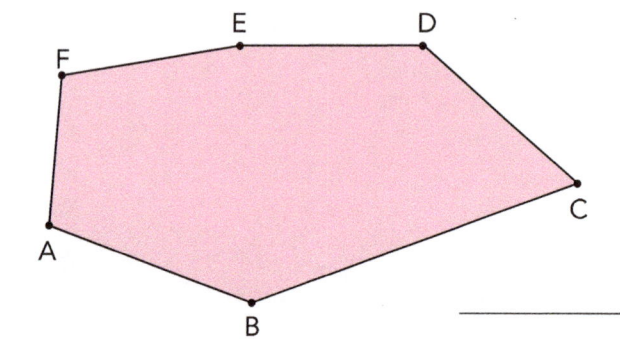

5 FICHA DE TRABALHO

Colégio _____

Aluno(a) _____ nº _____ ano _____

1 Observe o ângulo a seguir e complete com as informações pedidas.

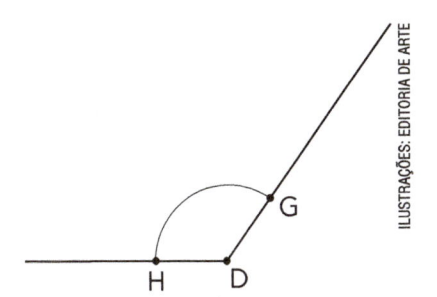

Ângulo: _____

Vértice: _____

Lados: _____

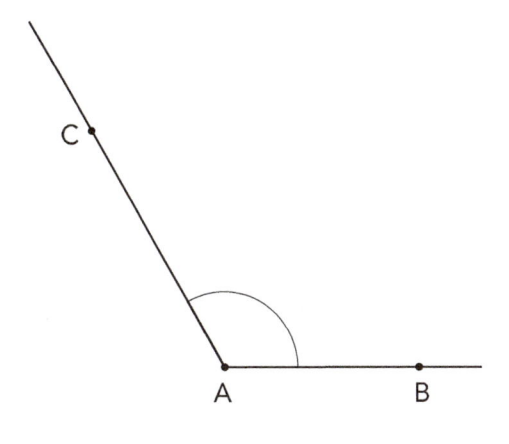

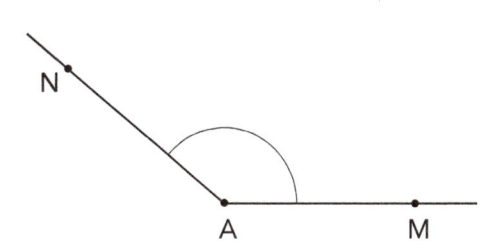

2 Use um transferidor para determinar, em grau, a medida dos ângulos a seguir.

a)

b)

med (BÂC) = _____

med (MÂN) = _____

3 Use um transferidor para construir um ângulo que meça:

a) 110°   b) 80°

4 Observe a figura a seguir e complete as frases.

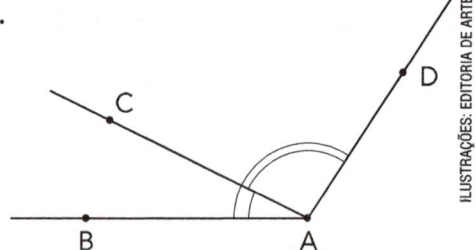

a) Os ângulos BAC e CAD _____ consecutivos.

b) Os ângulos BAC e CAD _____ ponto interno comum.

c) Os ângulos BAC e CAD _____ adjacentes.

d) Os ângulos BAC e BAD _____ ponto interno comum.

e) Os ângulos BAC e BAD _____ adjacentes.

f) Os ângulos BAC e BAD _____ consecutivos.

5 Observe as figuras e classifique os ângulos em **reto, agudo** ou **obtuso**.

a)

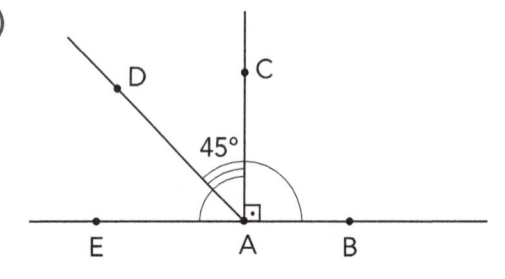

O ângulo CAD é _____.

O ângulo BAC é _____.

O ângulo BAD é _____.

O ângulo CAE é _____.

b)

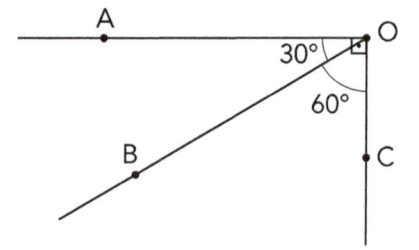

O ângulo AOC é _____.

O ângulo AOB é _____.

O ângulo BOC é _____.

6 FICHA DE TRABALHO

Colégio _____

Aluno(a) _____ nº _____ ano _____

1 Meça cada ângulo a seguir com um transferidor e trace o ângulo complementar.

a)

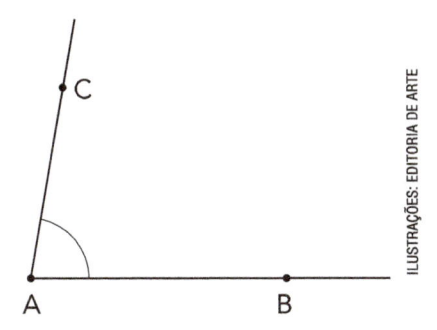

b)

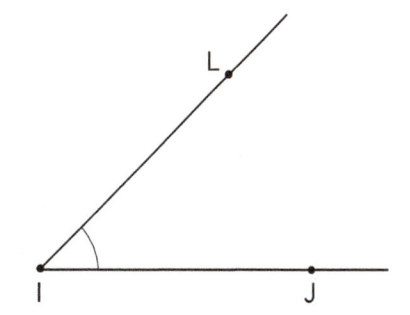

2 Determine graficamente o suplemento de cada ângulo abaixo.

a)

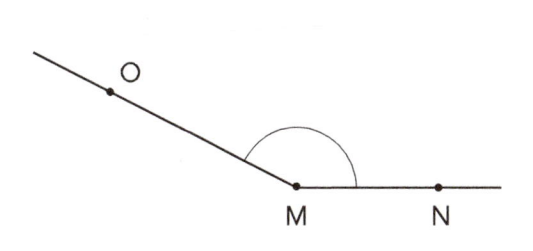

b)

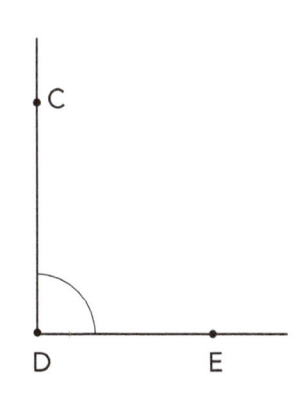

57

3 Sem usar um transferidor, determine a medida do suplemento de cada um dos seguintes ângulos destacados em verde.

a)

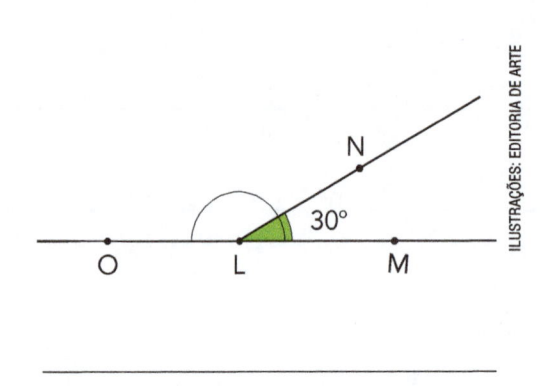

b)

_____

_____

_____

_____

_____

_____

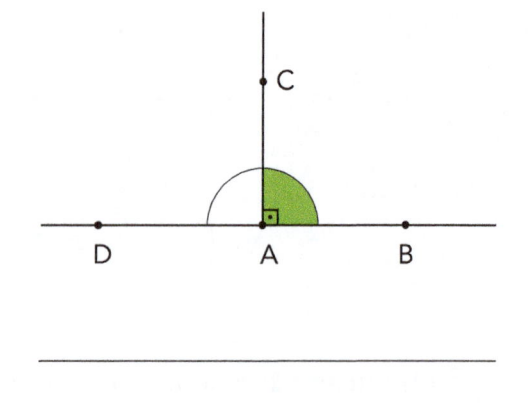

4 Leia o que está descrito em cada item e preencha o diagrama com os nomes corretos.

1. Ângulo que também recebe o nome de meia-volta.
2. Instrumento utilizado para medir ângulos.
3. Ângulos que têm a mesma medida.
4. Ângulo com medida menor do que a do ângulo reto.
5. Duas retas concorrentes que se cruzam formando quatro ângulos retos.
6. Ângulo que mede 90°.
7. Ângulo com medida maior do que 90°.

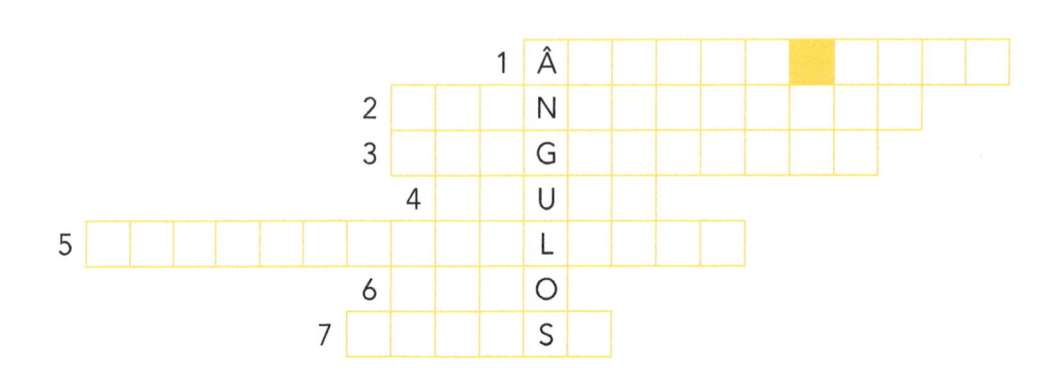

7 FICHA DE TRABALHO

Colégio _____

Aluno(a) _____ nº _____ ano _____

1 Meça os lados dos triângulos a seguir com uma régua e classifique-os em **equilátero**, **isósceles** ou **escaleno**.

a)

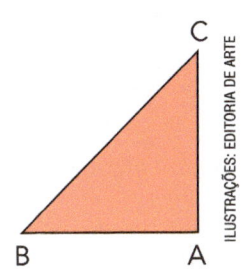

_____

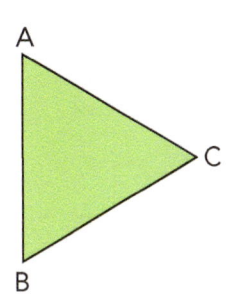

b)

_____

c)

_____

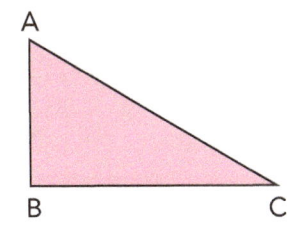

d)

_____

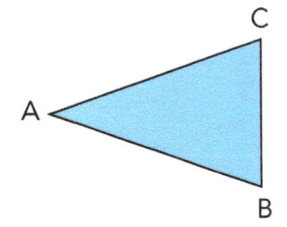

2 Complete cada frase com apenas uma palavra.

a) Os esquadros têm formato de triângulos _____.

b) O triângulo retângulo tem dois ângulos _____.

c) O triângulo equilátero tem os lados _____.

d) O triângulo acutângulo tem ângulos _____.

3 Classifique os triângulos a seguir em **retângulo**, **acutângulo** ou **obtusângulo**.

a) (110°, 25°, 45°)

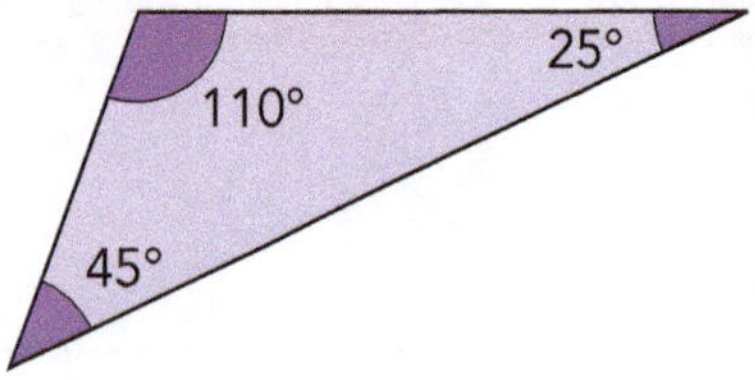

_____

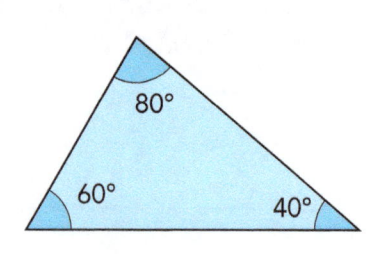

b) (65°, 90°, 25°)

_____

c) (80°, 60°, 40°)

_____

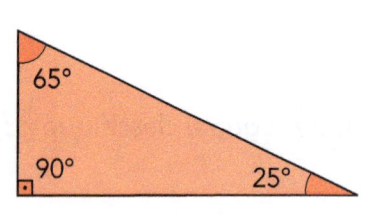

d) (36°, 120°, 24°)

_____

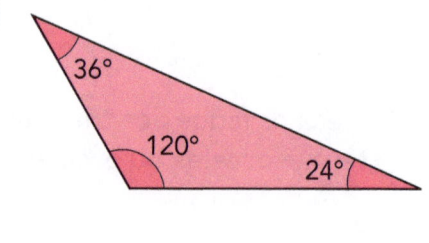

4 Pinte de:

  - os triângulos retângulos
  - os triângulos obtusângulos
  - os triângulos acutângulos

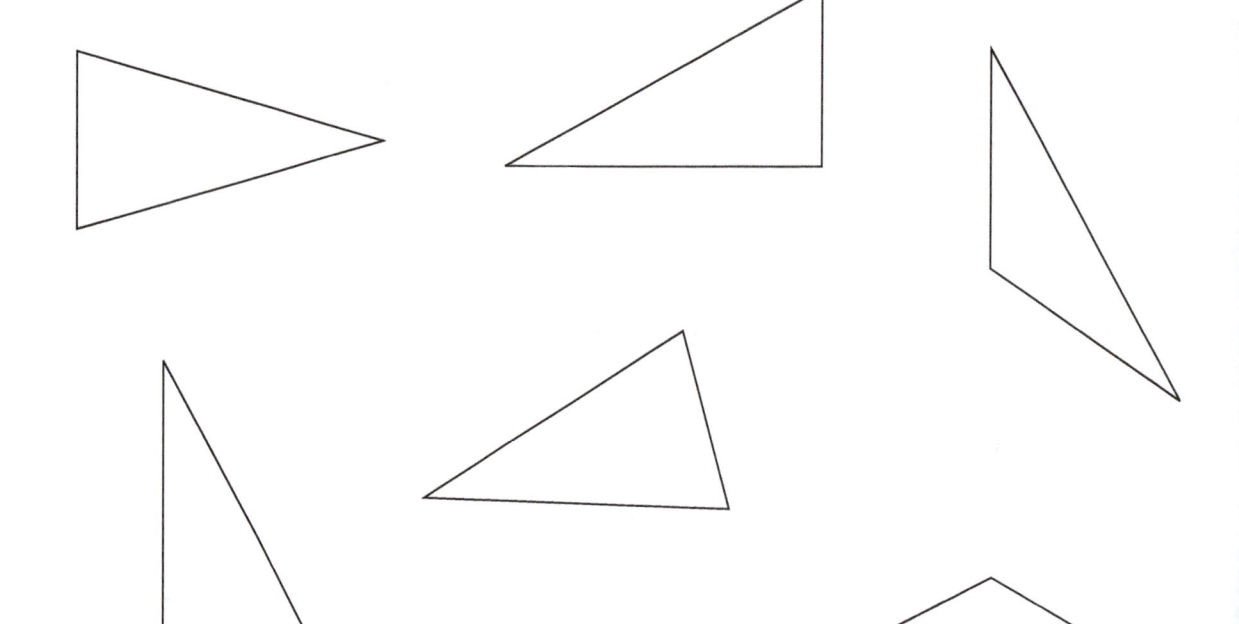

60

8 FICHA DE TRABALHO

Colégio _____

Aluno(a) _____ nº _____ ano _____

1 Responda às perguntas.

a) Quando um trapézio é isósceles?
_____

b) Qual é o paralelogramo que tem os quatro lados e os quatro ângulos congruentes?
_____

c) Como são as medidas dos lados de um losango?
_____

2 Classifique os quadriláteros representados a seguir em **trapézio** ou **paralelogramo**.

a)

c)

e)

b)

d)

f)

3 Identifique os trapézios como **isósceles** ou **retângulo**.

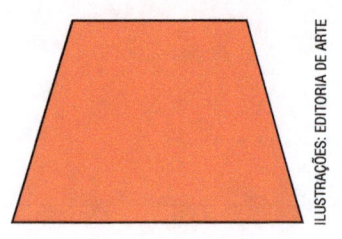

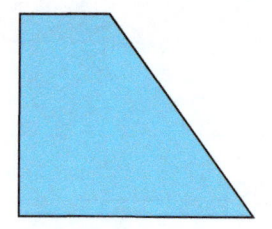

_____   _____

4 Leia o que está descrito em cada item e preencha o diagrama com os nomes corretos.

1. Polígono de quatro lados.
2. Abertura formada por dois lados consecutivos de um quadrilátero.
3. Trapézio de quatro lados com medidas diferentes.
4. Paralelogramo de quatro lados congruentes e quatro ângulos retos.
5. Pontos de intersecção de lados consecutivos de um quadrilátero.
6. Quadrilátero que tem apenas dois lados paralelos.
7. Quadrilátero que tem os lados opostos paralelos.
8. Triângulo que tem todos os lados congruentes.
9. Paralelogramo de lados paralelos congruentes e com ângulos retos.
10. Trapézio que tem os dois lados não paralelos congruentes.
11. Distância entre as bases do trapézio.
12. Paralelogramo de quatro lados congruentes.

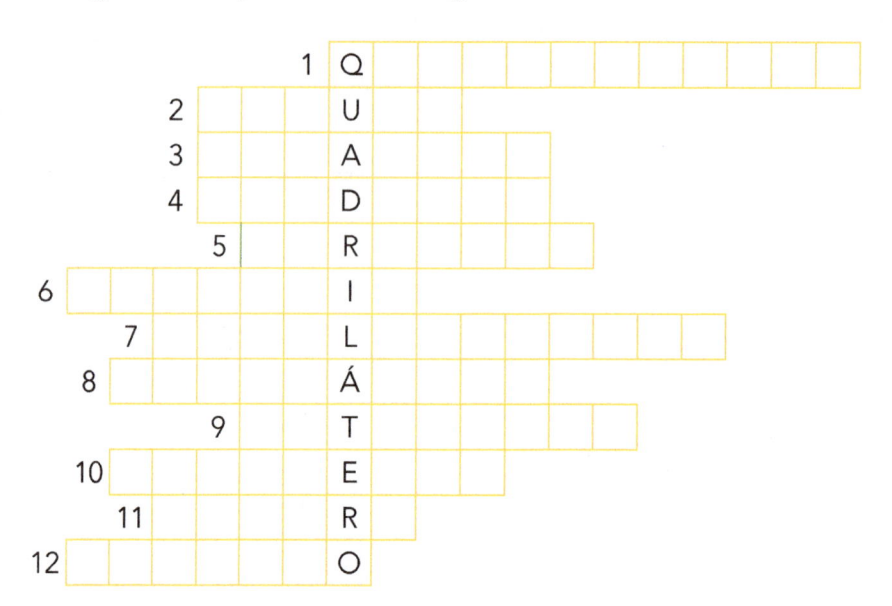

9 FICHA DE TRABALHO

Colégio _____

Aluno(a) _____ nº _____ ano _____

1 Observando a figura abaixo e usando as palavras **raio**, **corda** e **diâmetro**, complete as frases.

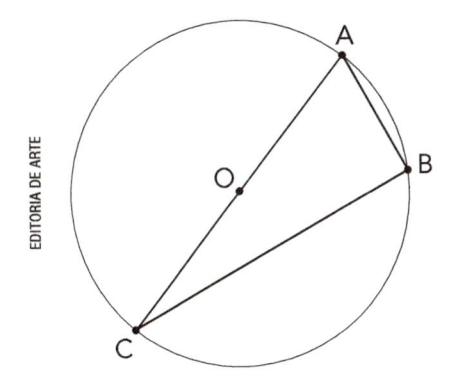

a) $\overline{OA}$ é _____.

b) $\overline{AB}$ é _____.

c) $\overline{OC}$ é _____.

d) $\overline{AC}$ é _____.

e) $\overline{BC}$ é _____.

2 Use o compasso para traçar:

a) uma circunferência com centro C e raio 30 mm.

b) uma circunferência cujo centro é o ponto A da reta s e cujo raio = AB.

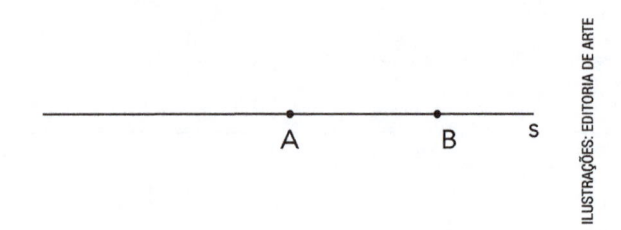

•―――――•――――•――――
  A   B   s

c) um arco de circunferência de raio = AB, com centro no ponto A e que corte a reta s.

•―――――•――――――――•――――
  A   B   s

3 Trace uma circunferência com centro A e raio 27 mm; determine os pontos P e Q em que a circunferência corta a reta s. Qual é a medida de $\overline{PQ}$ em milímetro?

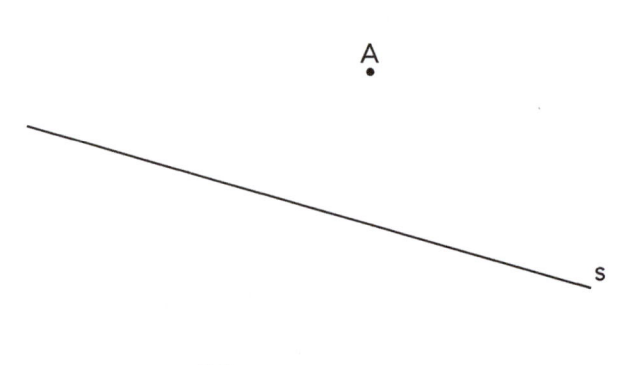

A
•

―――――――――
         s

PQ = _____ mm

10 FICHA DE TRABALHO

Colégio _____

Aluno(a) _____ nº _____ ano _____

1 Dados a reta *r* e o ponto *P*, trace s ⊥ r passando por *P*.

P•————————————— r

2 Trace um segmento MN que meça 6 cm e, depois, construa uma reta perpendicular:

a) em seu ponto médio.
b) em uma de suas extremidades.

3 Dados a reta s e o ponto B, trace r // s passando por B.

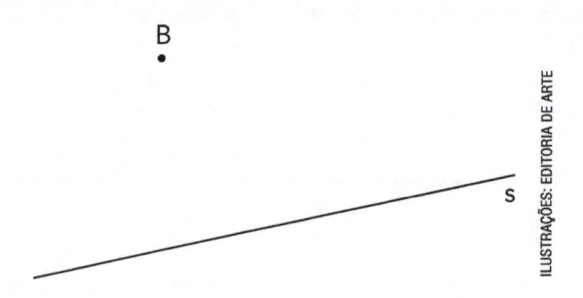

4 Dados r, A, B e C, trace paralelas à reta r passando pelos pontos A, B e C.

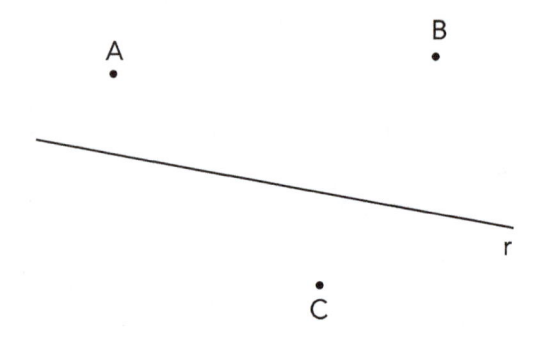

5 Dada a reta r, trace s // r, de modo que a distância entre as retas r e s seja 2 cm.

11 FICHA DE TRABALHO

Colégio _____

Aluno(a) _____ nº _____ ano _____

1 Construa um segmento A_1B_1 cuja medida seja igual à do segmento AB dado.

• A

• B

2 Construa um segmento MN cuja medida seja igual à soma das medidas dos segmentos AB e CD dados.

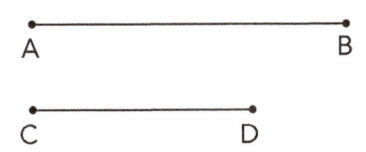

A———————B

C————D

3 Construa um segmento CD cuja medida seja igual ao triplo da medida do segmento XY dado.

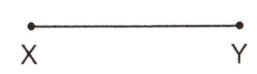

X————Y

4 Construa um segmento LM cuja medida seja igual à diferença entre as medidas dos segmentos EF e GH dados.

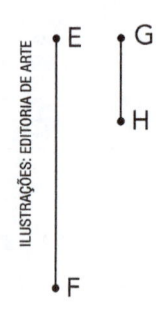

5 Determine o ponto médio *M* de cada segmento dado.

a)

b)

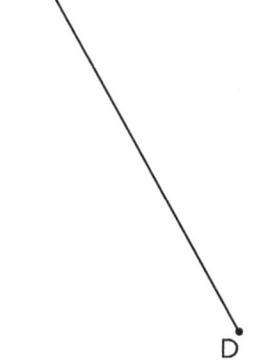

6 Divida cada segmento a seguir em dois segmentos congruentes.

a)

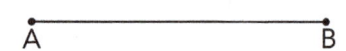

b)

12 FICHA DE TRABALHO

Colégio _____

Aluno(a) _____ nº _____ ano _____

1 Construa um segmento AB cuja medida seja igual à metade da medida do segmento XY dado.

X •————————————————• Y

2 Divida o segmento AB em quatro segmentos congruentes.

• A

• B

3 Construa um ângulo cuja medida seja igual à de cada ângulo dado.

a)

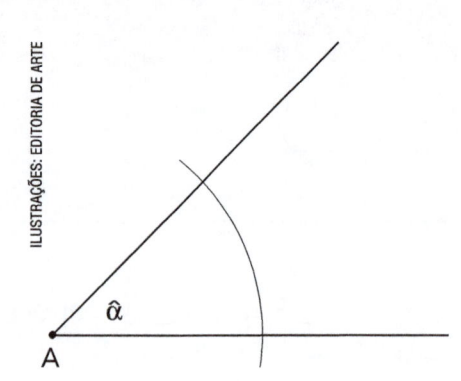

b)

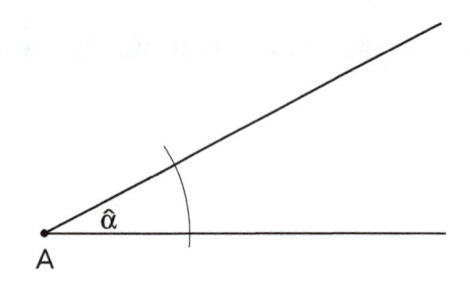

c)

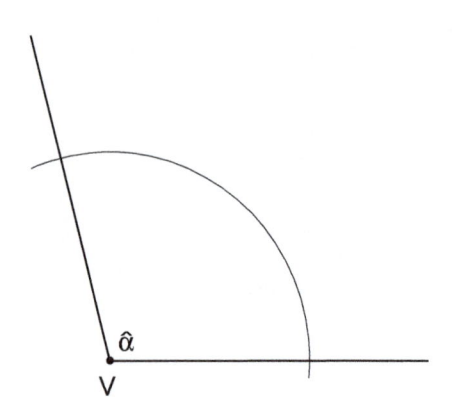

d)

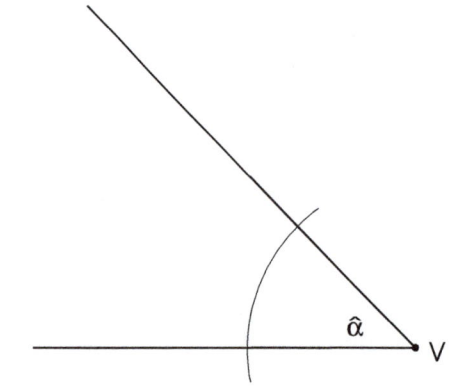

4 Construa um ângulo cuja medida seja igual à soma das medidas dos ângulos α e β dados.

a)

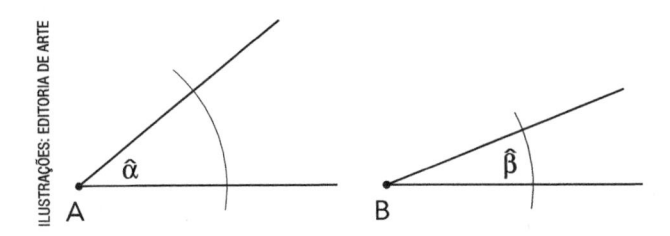

b)

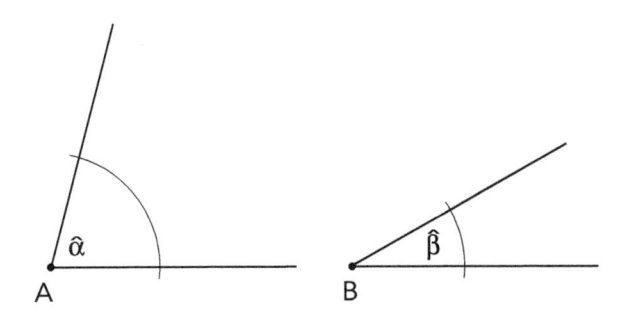

c)

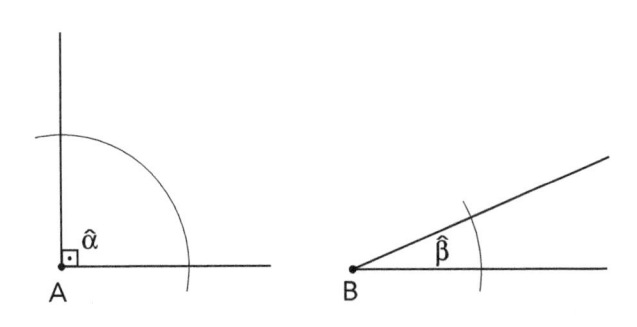

5 Construa um ângulo cuja medida seja igual à diferença das medidas dos ângulos α e β dados.

a)

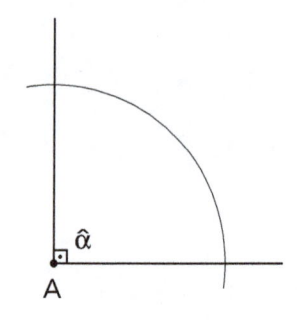

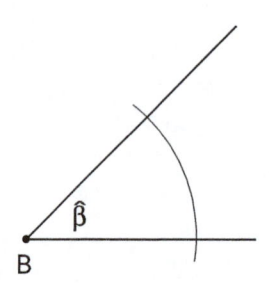

b)

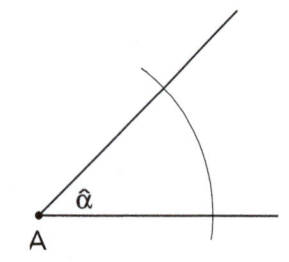

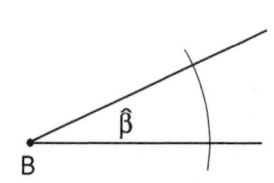

c)

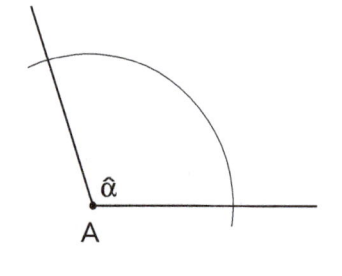

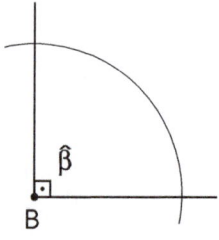

13 FICHA DE TRABALHO

Colégio _____

Aluno(a) _____ nº _____ ano _____

1 Observando a figura, indique **V** ou **F** em cada uma das afirmações.

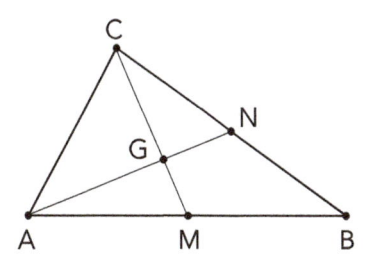

☐ $\overline{AB}$ e $\overline{BC}$ são consecutivos e não colineares.

☐ $\overline{AM}$ e $\overline{MB}$ são consecutivos e colineares.

☐ $\overline{AG}$ e $\overline{GN}$ são colineares e não consecutivos.

☐ $\overline{CM}$ e $\overline{NB}$ não são consecutivos nem colineares.

2 Com o auxílio de uma régua, trace:

a) dois segmentos consecutivos e colineares AB e BC, tais que AB = 3 cm e BC = 4,5 cm.

b) dois segmentos colineares e não consecutivos DE e FG, tais que DE = 4 cm e FG = 6 cm.

c) dois segmentos consecutivos e não colineares MN e NP, tais que MN = 2,5 cm e NP = 3,5 cm.

3 Usando uma régua, trace o segmento:

a) AB, horizontal, de medida 5,3 cm.

b) CD, vertical, de medida 27 mm.

4 Calcule o perímetro dos polígonos representados a seguir.

a)

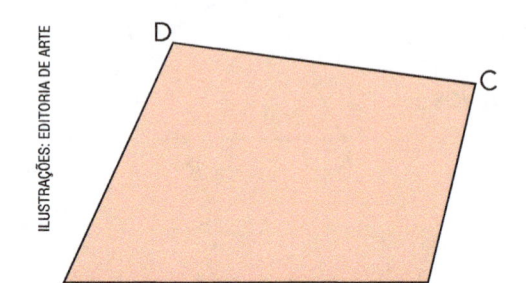

b)

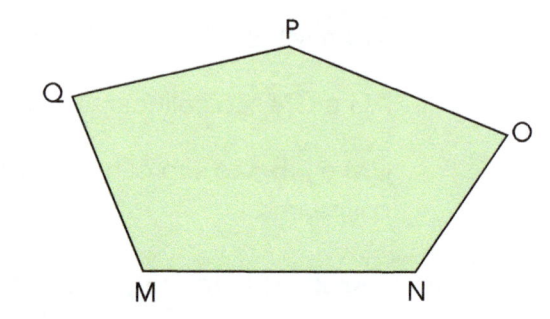

_____ = _____ cm

_____ = _____ mm

5 Com o auxílio de um transferidor:

a) construa um ângulo de 50°.

b) trace s ⊥ r passando por P.

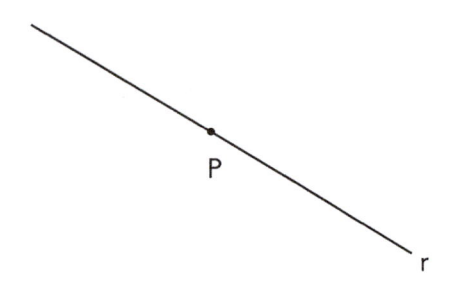

14 FICHA DE TRABALHO

Colégio _____

Aluno(a) _____ nº _____ ano _____

1 Localize a Ilha Mirim (M) no esquema a seguir, sabendo que ela está a 6 milhas do ponto H e a sudeste do ponto A.

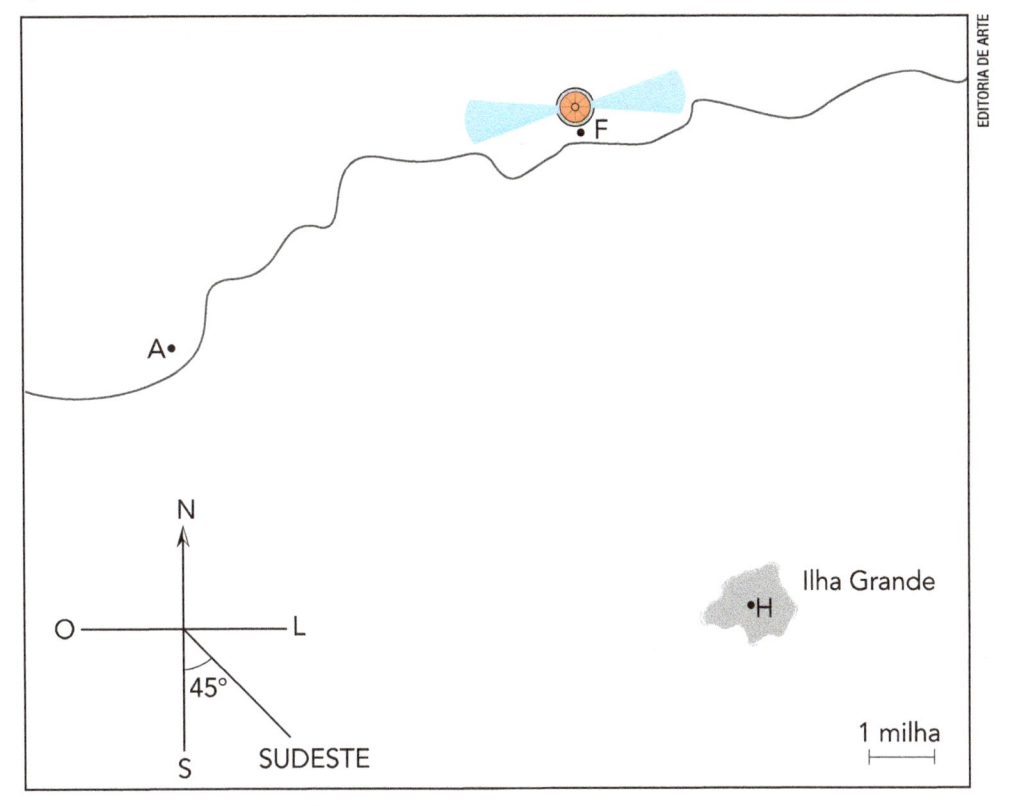

Agora, construa o quadrilátero AFHM e responda às questões.

a) Qual é a medida, em grau, do ângulo AMH? _____

b) Qual é a distância, em milha, entre a Ilha Mirim e o ponto A? _____

c) Qual é o perímetro do quadrilátero AFHM? _____

d) Qual é a distância entre a Ilha Mirim e o farol (F)? _____

2 Construa um triângulo ABC, considerando BC = 7 cm, med (B̂) = 40° e med (Ĉ) = 75°.

B •————————————————• C

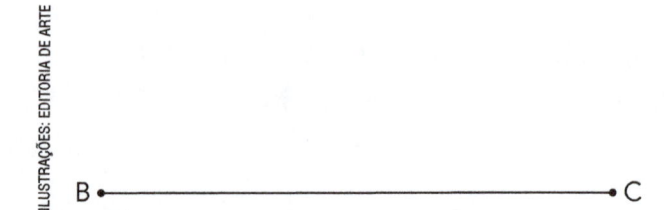

3 Construa um triângulo CDE, considerando DE = 6 cm, med (D̂) = 90° e med (Ê) = 35°.

D •————————————————• E

4 Construa um triângulo MNP, considerando MN = 9 cm e med (M̂) = med (N̂) = 30°.

M •————————————————————• N

15 FICHA DE TRABALHO

Colégio _____

Aluno(a) _____ nº _____ ano _____

1 Construa um quadrado de 5 cm de lado.

2 Construa um retângulo de base a = 6 cm e altura b = 4 cm.

3 Construa um losango de 4,5 cm de lado, sabendo que um de seus ângulos mede 60°.

4 Construa um paralelogramo ABCD, sabendo que AB = 4 cm, DA = 5 cm e med (BÂD) = 75°.

5 Construa o trapézio ABCD com as medidas indicadas na figura a seguir.

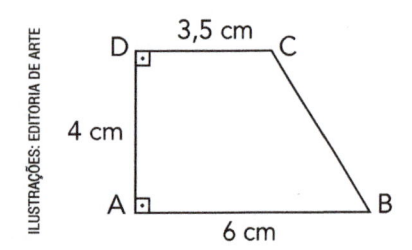

DC = 3,5 cm
AD = 4 cm
AB = 6 cm

6 Obtenha o ponto Q, intersecção das retas p e s, sabendo que:
- p é perpendicular ao segmento MN no ponto N.
- s é paralela a t, de modo que a distância entre elas é 2,5 cm.

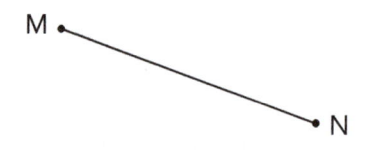

16 FICHA DE TRABALHO

Colégio _____

Aluno(a) _____ n° _____ ano _____

1 A ilustração abaixo representa um campo de futebol. Sabe-se que:
- a circunferência central tem 1,3 cm de raio;
- a meia-lua é um arco de circunferência com centro na marca do pênalti e raio 0,8 cm.

a) Trace as linhas que faltam para completar o desenho do campo de futebol.

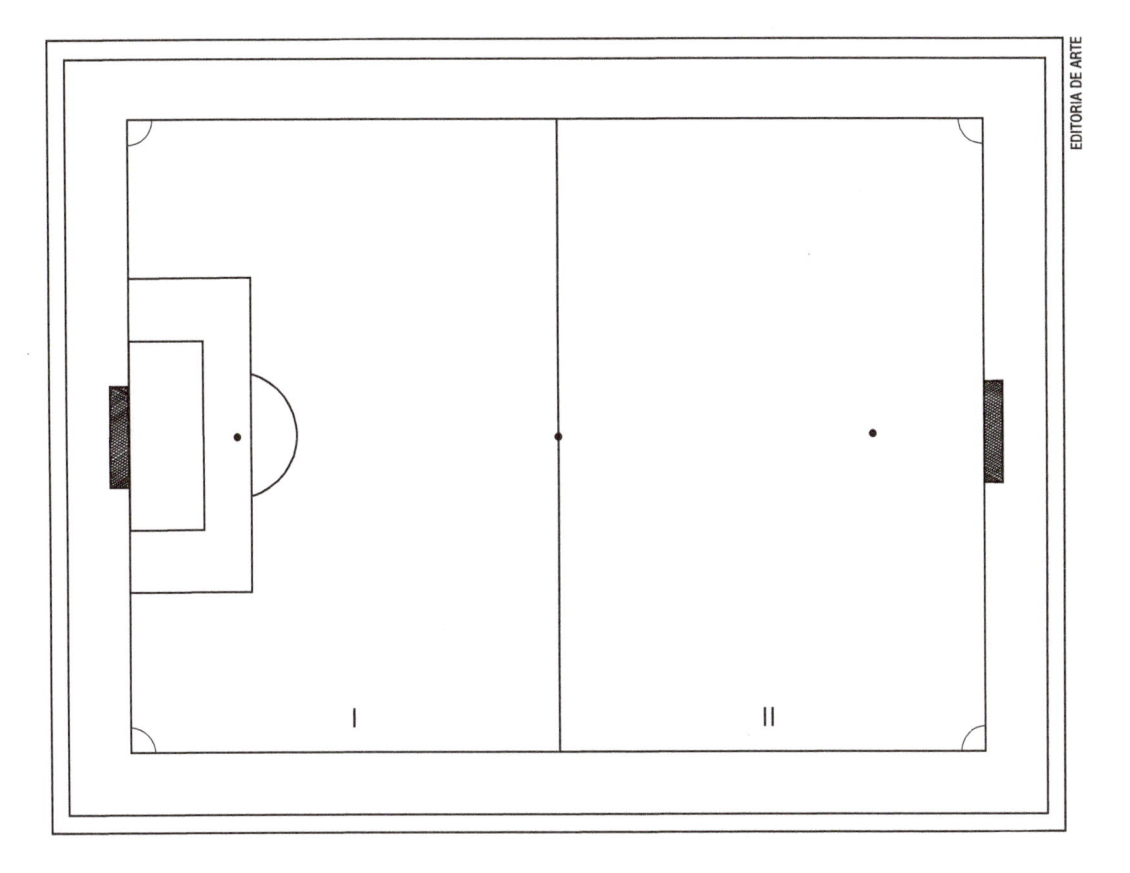

b) Marque a posição de um atacante A na área I do campo, sabendo que ele está a 3,8 cm do ponto central e a 1,7 cm da linha lateral superior.

2 Amplie o desenho do móvel tomando o dobro de cada medida.

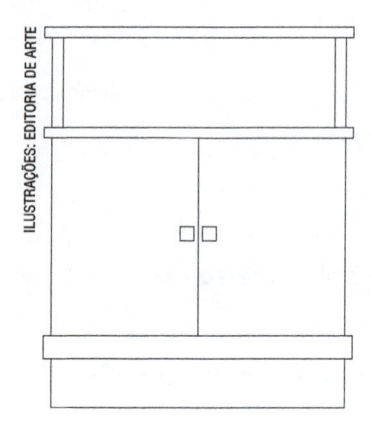

3 Reduza a figura do polígono tomando a metade de cada medida.

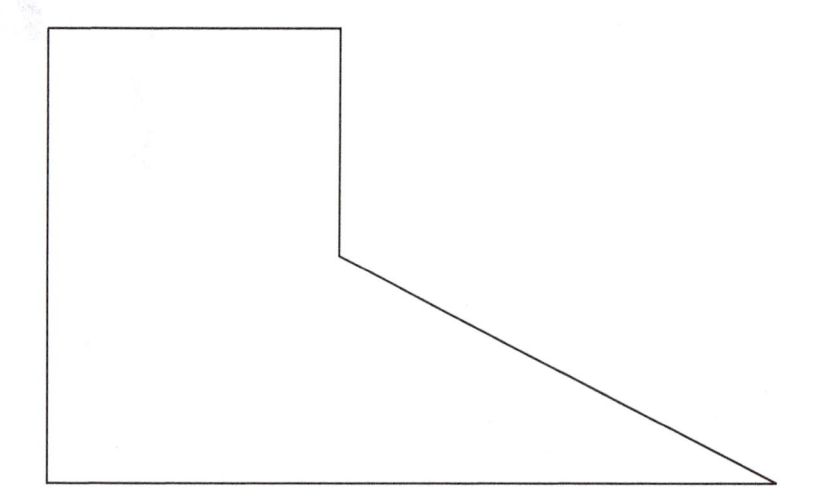

a transformação já começou.

iônica é o ambiente digital da **FTD Educação** que nasceu para conectar estudantes, famílias, professores e gestores em um só lugar.

uma plataforma repleta de recursos e facilidades, com navegação descomplicada e visualização adaptada para todos os tipos de tela: celulares, tablets e computadores.

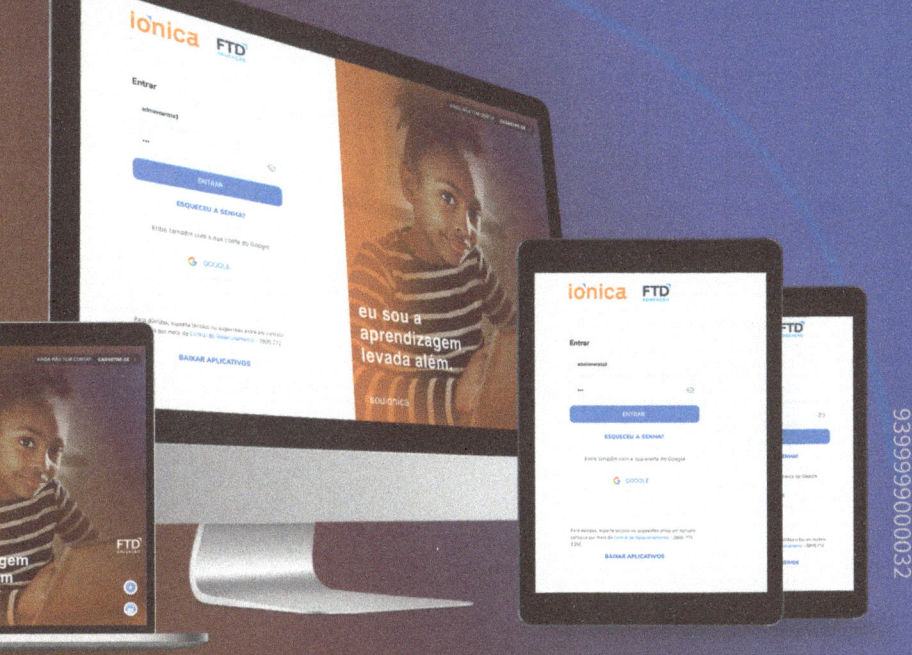

É MUITO FÁCIL ACESSAR!

5QF2xq6Pz

906.811   9370103000014

1 escaneie o QR Code *ao lado com a câmera do seu celular ou acesse* souionica.com.br

2 insira seu usuário e sua senha. Caso não tenha, crie uma nova conta em Cadastre-se.

3 insira o código de acesso do seu livro.

4 encontre sua escola na lista e bons estudos!

iônica